百萬爸媽都在問！

陳映庄醫師的
健‧康‧育‧兒‧全‧書

照著做！小孩越養越健康

最初會決定開始寫健康衛教文章，是因為在兒童急診室值班時，常會遇到許多父母和孩子在急診室人擠人掛號排隊，或是三更半夜直接帶著孩子衝進急診室，但其實可能有 9 成以上來就醫的孩子，並沒有真正嚴重的狀況，只是家長可能因為沒經驗太緊張，或是有一些錯誤的觀念，才會在小孩一有小異狀就會想就醫！

雖然現在醫療便宜又方便取得，但經常帶著孩子往返醫院就診，既花費時間體力，又增加在醫院感染其他疾病的風險，所以看診時我幫家長做衛教建立正確觀念，所花的時間其實遠大於幫小孩看診。

後來發現其實問題都大同小異，像這樣來一個衛教一次實在太沒效率，應該藉由網路資訊來讓家長們快速獲得正確資訊才對！但上網搜尋各種衛教文章，雖然算是齊全，但大多對非醫療專業的民眾太過艱澀，除了醫療名詞太多之外，敘述用語也略嫌死板，最可怕的是有些文章篇幅實在太大，很多人看到一堆字就直接放棄了！於是我決定，我自己來寫吧！

我把從開始行醫以來，看診中常被問到或被誤解的問題給記錄下來，再加上幼兒的各種常見疾病和正確的照顧方式等，去除掉艱澀的醫學名詞和死板的用字，重新寫成一篇一篇 99.9％ 非醫療人員也能看得懂和看得完的文章。自己開了一個粉絲專頁和部落格後，把文章放到網路上給大家瀏覽，很幸運的得到了許多父母的信賴和正向回饋，這是支持我繼續寫下去的動力，也因為您們的支持，才有今天這本書的誕生。

　　準備出版書的過程中，尤其感謝出版社編輯素卿，協助我將所有的資料彙整起來，也承蒙城邦出版社的各方協助，這是一次非常愉快的經驗，感激之意無法言喻！

　　最後，希望您拿在手中的我的第一本書，能夠讓您在照顧孩子遇到問題時，不再驚慌手足無措，也能夠幫助您在這條育兒路上一切平安、順心！

陳映庄

目錄

chapter 1
新手爸媽看這邊　新生兒常見問題

chapter 2
不怕一萬，只怕萬一！嬰幼兒急救篇

chapter 3
嬰幼兒令人擔心的常見症狀和疾病

人在江湖飄，哪有不發燒

嬰幼兒常見上呼吸道感染症

chapter 4
癢癢癢、咳咳咳，過敏真難受

chapter 5
錯誤迷思大解析

附錄
小兒藥物這樣用

1

新手爸媽看這邊
新生兒常見問題

臍帶照護

臍帶什麼時候才會掉呢？

　　寶寶還在媽媽肚子裡的時候，所有的氧氣和營養需求都來自於媽媽，從胎盤經由臍帶送到寶寶的身體裡。而出生後寶寶就必須要靠自己了，自己呼吸、自己攝取食物。婦產科醫師會在寶寶出生的當下，在距離肚臍根部 1 ～ 3 公分的地方夾上臍帶夾，並且把臍帶剪斷。

　　留在寶寶肚子上這一小段臍帶濕濕軟軟 QQ 的，因為新生寶寶抵抗力較弱，加上臍帶又是個容易滋生細菌的地方，因此需要爸爸媽媽的細心照料，才能讓它早日脫落，並預防感染！

臍帶何時脫落呢？

通常臍帶脫落的時間大約是 1 ～ 2 週之內，很少會有超過 3 週以上尚未脫落的。臍帶的脫落快慢和兩個主要因素有關：

❶ **乾燥程度**：保持臍帶乾燥可以加速臍帶脫落，也能減少細菌孳生的機會。

❷ **粗細**：有的寶寶天生臍帶比較肥壯一點，也因此會比較晚脫落，相對的比較細的臍帶，脫落時間就會提早一點。

怎麼處理？

照護上的重點就是兩個「乾」：乾燥、乾淨

❶ **乾燥**

🔍 平時可以讓寶寶的臍帶保持通風，不要包得過緊，也盡量不要讓尿布褲頭緊壓臍帶，造成摩擦刺激。

🔍 洗澡水可以接觸臍帶，不需要過度搓揉，洗完後用乾淨的棉枝把水分吸乾，接著開始做臍帶護理即可。

❷ 乾淨

🔍 臍帶護理原則

建議一天至少 1 ～ 2 次

為了預防細菌感染，以及加速臍帶脫落，每天的臍帶護理消毒是不可少的！爸爸媽媽可以去藥房購買臍帶護理包，裡面通常會有棉枝、75% 酒精、95% 酒精和紗布。

- 洗完澡後，先將臍帶的**水分擦拭乾淨**。

- 用棉枝沾 75% 的酒精，從臍帶和皮膚的交接處開始擦拭消毒（如果皺褶較多，可以輕輕撐開來消毒），**慢慢地繞圈往外側移動**。請不要用同一支棉枝，把已經消毒過的地方再重複第二次，以免把外圍的細菌又帶回最脆弱的中央位置。

- 如果有需要，可以再用一根新的棉枝沾 75% 酒精消毒一次。

- 消毒結束後，最後用棉枝沾 95% 酒精擦拭一次，可以讓臍帶快速乾燥。

只要依照以上原則，絕大多數的臍帶可以在 2 週內自然脫落。臍帶脫落後，可能會暫時滲血或是有分泌物，這時仍然需要每天使用酒精消毒，直到分泌物完全消失乾燥為止。

異常的臍帶問題

如果有發生以下狀況，需要就醫治療。

臍帶感染

臍帶周圍紅腫，出現大量組織液或血水，有明顯異味。

臍帶瘜肉

臍帶脫落後，有的寶寶肚臍會長出濕濕凸起的肉芽，必須繼續用酒精消毒，並請醫師評估是否需要安排其他檢查或「點瘜」治療。

超過 3 週以上沒脫落

可能有免疫力低下的問題，需要詳細評估。

How to do

❶ 最後提醒，雖然臍帶早點掉落是好事，請勿操之過急，試圖用手去搖動臍帶等人工方式，可能會增加感染的風險。

❷ 另外也不建議用優碘、雙氧水等消毒液去處理臍帶，可能會造成局部刺激以及發炎問題。

黃疸

寶寶一天比一天黃怎麼辦？

新生兒黃疸是滿月前寶寶最常住院的原因。到底是什麼原因造成寶寶黃疸呢？

成因

新生兒出生後，為了適應母體外的環境，會把原本在媽媽肚子裡時的紅血球給快速破壞，而換成新環境用的紅血球。

而被破壞的紅血球會釋放出未結合型膽紅素，隨著血液循環跑遍全身，會在皮膚和眼白等地方沉積下來，於是寶寶就會看起來黃黃的。

同時隨著血液循環的膽紅素，也會被送到肝臟進行代謝，變成結合型膽紅素，拿來合成膽汁並分泌到腸道內。

- 有部分會在腸道被回收再利用製成膽汁。

- 沒有被回收的部分，就會被細菌分解變成糞便的顏色（綠色或黃色）排出體外；結合型膽紅素也有一些會從尿液排出。

要注意的事

可能導致黃疸特別嚴重的情況：

❶ 紅血球大量破壞造成膽紅素快速生成，如母嬰血型不合。

❷ 餵食量不足或脫水，將導致代謝下降或血中膽紅素濃縮。

❸ 哺餵母乳：母乳中某些成分會增加腸道回收膽紅素的效率，母乳寶寶比起配方寶寶常會較容易黃疸，黃疸比較久才退。

❹ 肝臟機能異常，例如先天性肝炎或膽道閉鎖。

❺ 新生兒感染，也可能讓黃疸持續上升。

How to do

❶ 一般新生兒黃疸會優先使用照光治療，照光標準隨著寶寶狀況，例如：體重和出生天數而有所不同，通常在 20mg/dl 或更高的黃疸值才會傷害到嬰兒，此時有時會考慮換血，直接快速降低血中膽紅素。

❷ 母奶因為會讓腸道回收膽紅素效率增高，所以會黃的比較久（常常會一個月，甚至更久），一般只要持續追蹤即可，除非數值過高，不然不需要特地停止母奶。

❸ 若超過滿月還有明顯黃疸的孩子，會建議進行一次抽血檢查，排除肝膽或感染方面的問題，以免延誤治療。

囟門

頭頂軟軟的可以摸嗎？

頭骨是由好幾片骨頭拼湊而成的,新生兒的頭骨之間不會黏死,讓新生寶寶的「大」頭在通過媽媽的產道時,可以暫時重疊縮小體積,而出生後這些再回到原本的位置,這些頭骨之間尚未黏合的縫隙,就構成了所謂的囟門。

囟門根據位置可以分為前囟門和後囟門,一般而言前囟門較大呈現菱形,約 18 個月大時完全關閉;後囟門較小呈現三角形,約 3 個月內就關閉。

Q 重點來了,囟門到底可不可以摸?

A 可以輕輕的摸,但不可以拿尖銳物品刺入。

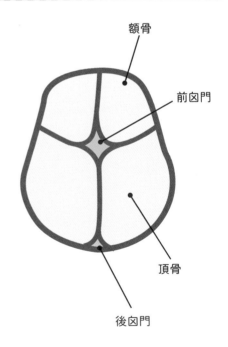

額骨

前囟門

頂骨

後囟門

　　事實上嬰兒身體檢查中，囟門是個每次必做的重要檢查項目，也就是在嬰兒室時，我們醫師是每天摸，之後每次健康兒童預防注射門診也是要摸，評估寶寶囟門狀況時，讓寶寶在安靜狀態下採立姿或坐姿是最準確的。

囟門可以透露一些寶寶身體狀況的重要訊息：

❶ 當寶寶安靜呈坐姿時，如果摸到囟門明顯膨出，可能代表腦壓過高或是腦部有感染。

❷ 若是囟門呈現凹陷時，可能代表有脫水的現象，需盡快帶去檢查。

另外囟門過早或過晚關閉，也可能是疾病的表現：

❶ **過早關閉**：如果發現 6 ～ 7 個月大時就關閉，可能會影響寶寶腦部發育，必須定期去追蹤頭圍和神經發育狀況。

❷ **過晚關閉**：超過 18 個月大還沒關閉，需懷疑是否有骨骼發育異常，或是其他像甲狀腺功能低下的代謝功能疾病。

　　所以爸爸媽媽在家裡陪孩子時，偶爾可以照上面的方式評估寶寶的狀況，及早發現問題及早治療唷！

新生兒感染

你真的該擔心的發燒之一！

　　遠遠看到媽媽抱著個小嬰兒，與爸爸緊張的跑進急診室，跟檢傷的護理師說小孩發燒了，肛溫 38.7C ！

　　看了一下電腦資料，才 3 週大，還沒有看到病人，我就直接打電話到新生兒病房，問有沒有空床要收住院了。

　　為什麼差別這麼大？一樣是發燒，大部分都可以早點回家洗洗睡了，這個孩子卻看都不用看就準備住院呢？

 嚴重性

　　發燒本身不可怕，不需要太擔心或強灌藥退燒，但需要擔心的發燒狀況：新生兒發燒，就值得多加注意！

❶ 新生兒的免疫系統尚未發育完成，出生後只有媽媽從胎盤給他的部分抗體可以保護自己，對於周遭環境許許多多的細菌、病毒幾乎沒有抵抗力。

❷ 細菌一旦進入寶寶的身體裡，可以說是如入無人之地，可能進入呼吸道或尿道，之後很快進入血液變成菌血症或敗血症，然後再隨著血液到達腦部，造成腦炎或腦膜炎等嚴重的感染，進而神經系統無法挽回的傷害（就是以前大家以為的燒壞腦袋，其實就是腦部直接被病原破壞了）。

症狀

　　可怕的是，我們常見的一些感染症狀，都是源自於身體的免疫發炎反應，例如：鼻塞，是因為鼻腔黏膜充血要集合免疫細胞來對抗感染等，但就像剛剛提過的，新生兒的免疫系統尚未發育完成，甚至無法產生「發炎」的反應，所以即使身體被各種病原入侵，卻可能完全沒有任何症狀，只會有些讓人覺得怪怪的地方而已，如活力減低、食慾下降或呼吸會喘等，以上症狀都要靠家長的觀察才行。

成因

- 媽媽在懷孕的時候就有感染，病原通過胎盤傳給寶寶，例如先天性梅毒或巨細胞病毒感染，前者容易導致早產或新生兒死亡，後者則常造成聽力缺損。

- 生產過程中被媽媽產道的細菌感染，例如披衣菌或乙型鏈球菌。

- 照顧者不小心帶給寶寶的，因為成人抵抗力強，常常有感染但沒有任何症狀，接觸寶寶時，就不小心把病源帶給了沒有抵抗力的寶寶身上，造成嚴重感染症狀，最常見的途徑就是飛沫和手接觸。

如何預防？

❶ 不論寶寶多可愛，請不要直接親寶寶的臉或嘴。

❷ 接觸寶寶前洗手和戴口罩（即使沒有任何症狀）是很重要的，如果剛從戶外回來最好也把衣服換下洗個澡，或穿上乾淨隔離衣再接觸寶寶。

❸ 有感冒症狀或身體不適的家人，就請自我隔離不要接觸寶寶！

如何治療？

　發燒，是明確的發炎反應，代表的是身體極有可能已經有細菌、病毒入侵了，即使沒有其他症狀，也可能細菌已經佈滿全身血液。

　3 個月以下的孩子發燒，必須住院接受詳細檢查，包含抽血、驗尿、胸部 X 光、腦脊髓液檢查等，希望可以盡快找到感染的位置，並根據檢查結果給予抗生素治療，以免造成無法恢復的後遺症。

 Tips

腦脊髓液檢查須腰椎穿刺，基本上是很安全的處置，只要下針位置正確 + 完整的消毒，非常少有造成神經損傷等後遺症，除非寶寶有先天性的凝血功能異常，如血友病，可能會因為血流不止，產生血腫造成神經壓迫（通常會有家族史，須提前告知），不然幾乎都不會有任何後遺症產生。

新生牙、珍珠瘤、鵝口瘡

嘴裡白白的那是什麼？

寶寶張嘴討奶的模樣十分可愛，不過常有爸媽在寶寶張嘴時，發現嘴裡有點不對勁而帶來門診，最常見的就是一些「白白的東西」，是長牙了？還是鵝口瘡？

新生牙

真的一出生就長牙，一般不需要特別拔除，以免影響將來恆齒長出，除非遇到以下狀況：

- 寶寶吸奶時不斷咬傷媽媽乳頭，造成餵奶困難。
- 牙齒不穩搖搖欲墜。
- 摩擦嬰兒口腔，造成反覆口腔潰瘍。

若有以上狀況，則建議請牙科拔除！

珍珠瘤

偶爾可以發現有些寶寶的牙齦和上顎中線的附近，有一顆一顆小小白色的突起，這是由於黏液腺阻塞，所產生的一種由上皮組織和角質所構成的小囊泡。

有時候長得比較大顆的牙齦的囊泡，會被誤認為是牙齒，這樣的狀況不需特別處理，約 1 ～ 2 個月大後會自然消失。

鵝口瘡

鵝口瘡是相當常見的新生兒口腔念珠菌感染，病症主要是在口腔內呈現一片一片白色的膜狀物，乍看之下和奶垢有點類似。

鵝口瘡的症狀主要是會造成口腔疼痛不適，如果不接受治療，可能繼續往下跑到腸胃道、呼吸道，甚至血液，反而導致更嚴重的狀況。

發生的原因

- 嬰兒抵抗力還沒發育成熟。

- 接觸到念珠菌，例如：媽媽的產道、奶瓶奶嘴清潔不足、寶寶到處亂摸沾到並放進嘴裡等。

若寶寶出現反覆頑固的念珠菌感染，除了考慮可能有上面原因反覆交叉感染之外，也要小心寶寶是否有免疫低下的問題，建議至小兒免疫科接受檢查。

奶垢和鵝口瘡要怎麼分辨呢？

奶垢顧名思義就是寶寶喝奶後，沒有吞下而在口中殘留的奶，乾掉之後形成一層薄薄白色物體。奶垢和鵝口瘡也有因果關係的，如果完全不清理奶垢，常常就會導致念珠菌感染呢！

而奶垢和鵝口瘡最簡單的分辨方式，就是拿紗布或棉花棒沾濕後，往白色的地方搓幾下，如果可以一下就清乾淨，那就是奶垢；若是很難清除，且清除後底下會有小小出血，那就可能是鵝口瘡了，需要盡快就診治療。

念珠菌是一種黴菌感染，可藉由接觸感染，治療上通常會選用抗生素 Nystadin，須配合醫師指示完成療程，不可自行停藥。若是親餵母奶的媽媽，必須連同媽媽的乳頭一起塗藥；瓶餵的寶寶則是建議把奶嘴頭直接換新，才不會一直復發。

喉頭軟化症

小豬呼嚕嚕的聲音？

「醫生醫生，我的小孩呼吸一直有怪聲！」

小孩的活動力非常好，還會對我笑咪咪。

「讓我猜猜，是不是像小豬在打呼，呼嚕嚕的聲音啊？」

「對耶，醫生你怎麼知道？」

「因為那是非常常見的現象呀！未看先猜，喉頭軟化或鼻道狹窄！」

成因

　　新生寶寶可能因為鼻道較狹窄，或是喉頭發育不完全，導致呼吸道較狹窄，所以呼吸常常會有鼻塞或是打呼的聲音。尤其在喝奶、大哭後，或是碰到灰塵、冷熱空氣刺激分泌物增加時會更加明顯，而安靜休息時聲音通常會改善一些。

如何處理？

　　以上狀況是良性的正常生理現象，除了呼嚕嚕之外，只要活動力、食慾、睡眠狀況、身高體重發展等一切正常，一般而言觀察即可，大部分會在 6 個月大左右自行改善。

要注意的事

❶ 若有看到分泌物就多清理（多為白色或透明），但分泌物太多也需注意是否環境有許多刺激物，例如：灰塵、棉絮等刺激寶寶鼻腔，建議可多做環境整理試試看。

❷ 若寶寶有合併發燒、活力不佳、食慾減低、黃綠色鼻涕分泌物或咳嗽等現象，則需懷疑有合併感染現象，須盡快就診。

❸ 有時嚴重的喉頭軟化或鼻道狹窄，真的會因為呼吸太費力，影響到喝奶或睡眠，則建議盡早尋求耳鼻喉科接受手術或電燒治療。

腸套疊

嬰幼兒腹部急症

半夜一陣淒厲的哭聲劃破急診室的寧靜，一位大約 8 個月大的寶寶，從晚上開始就一直躁動不安，不吃不喝，並且歇斯底里的大哭。身體檢查發現寶寶的肚子異常的脹大，而且有明顯的壓痛反應。經過超音波檢查，確定是腸套疊，幸好盡快接受鋇劑灌腸後，症狀很快緩解下來。

 症狀

腸套疊顧名思義，就是腸子和腸子套在一起，像望遠鏡一樣，最常見是發生在大腸和小腸的交界處，呈現一個「大腸包小腸」的狀態。

因為腸子被套住後，食物無法通過，加上血液循環受阻，而出現以下各種症狀：

- 因為腸道阻塞，食物和空氣無法正常往下排送，所以出現腹脹、或嘔吐現象，排便也可能突然減少很多。

- 腸道缺血數小時後，腸道黏膜開始因為受損剝落，此時會出現粉紅色的膠狀物質的大便，看起來有點像草莓果醬，到這階段代表已經在後期了。

- 如果持續套住太久沒接受治療，接著腸道會出現壞死，導致腸道破裂，腸道內的細菌跑到腹腔內，造成嚴重感染腹膜發炎、敗血症等，致死率相當高。

成因

① 統計上，腸套疊最常發生在 1 歲內的孩子，尤其是 5～9 個月大的小孩，男寶寶比女寶寶更常發生。

② 真正的原因還不明確，推測可能是因為此時期的寶寶腸道活動，開始接觸到生活中的各種病毒、細菌，服用藥物或嘗試各種副食品等，可能刺激腸胃蠕動的狀況增加，而各種腸胃道蠕動激烈的情況下，一個不小心就套進去而造成腸套疊。

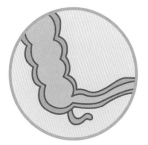

正常的腸子

腸套疊

診斷方式

腹部 X 光加上超音波等影像檢查，有不錯的診斷率。

治療方式

❶ 症狀發生初期（約 24 ～ 48 小時），可以用銀劑灌腸把腸子推回原位。

❷ 如果卡太久（約 48 小時以上），則可能已經出現壞死，就必須用手術方式把小腸拉出來。

❸ 若有壞死，則必須切除後再重新接上去，非常辛苦！

要注意的事

腸套疊是嬰幼兒期常見的腹部急症，由於小寶寶還無法表達自己的不舒服，因此必須仰賴照顧者的觀察，「及早發現」接受治療。

觀察重點：1 歲內的孩子（尤其是 5 ～ 9 個月大）出現以下狀況

❶ 異常激烈，完全無法安撫的間歇性哭鬧。

❷ 無法站立，呈現縮腹、雙腿彎曲的姿勢，就像大人肚子受到撞擊後的姿勢。

❸ 臉色嘴唇發白、冒冷汗。

❹ 嘔吐，尤其是有吐「綠色」的液體。

❺ 尿布出現草莓醬樣子的大便。

❻ 明顯腹脹、腹部僵直、發燒或全身倦怠。

若有以上現象，代表可能有腸套疊或其他嚴重腹部急症，必須盡快就醫確認原因，並接受治療，以免發生嚴重的後遺症。

便祕
肚子怎麼好痛啊？

　　兒科急診最頻繁的主訴除了發燒，第二名大概就是肚子痛了！急性腹痛在兒科最常見的兩個原因，就首推腸胃炎和「便祕」。

　　沒錯～就是便祕！根據個人非正式的統計，腸胃炎和便祕在急診的案件數幾乎是一樣的，有時便祕還更勝一籌！

 症狀

　　便祕和引起上吐下瀉腹痛的腸胃炎症狀是不一樣的！比較大的差異是：

❶ 便祕不會發燒。

❷ 便祕可能會引起嘔吐,但吐完後會覺得非常輕鬆,而且距離下次嘔吐間隔時間相當長。

❸ 最近幾天排便不大順暢,但可能會解少量稀黏便(滲便:從硬屎和腸壁之間的縫隙硬擠出來的少量軟便)。

通常便祕的病人是這樣描述的:

「白天都好好的,剛剛肚子突然間痛起來。」

「早上開始肚子不舒服吐了一次,晚上肚子還是一樣痛,剛剛又吐了一次。」

「肚子痛和拉肚子,但每次都只拉一點點少少糊糊的。」

搭配理學檢查,就幾乎可以確診了。

有大便不等於沒便祕

有趣的是,當我說出便祕的診斷,建議灌腸時,常常會受到家屬極力的否認,不可能!他每天都有大便!為了要說服家屬,只好拿證據出來:X光照射!只有親眼看到滿肚子的屎,才願意接受治療。

提醒大家:每天都有大便,不等於沒有便祕。

隨著每個人的排便習慣不同，其實很難給便秘一個很明確的定義。主要是要和個人平常的排便狀況比較，例如排便次數明顯減少，糞質乾硬，常伴隨排便困難感，包括排便費力、排出困難、排便不盡感、排便費時及需手法輔助排便等，有以上現象就有可能發生了便秘。

例如：進食量正常，每天都有大便，但最近一天只大出兩三顆彈珠，就是便秘開始的症狀了。一旦開始有症狀就該注意，例如水份攝取、蔬菜纖維是否足夠等，通常等到會痛才來處理的，幾乎都已經是大腹「便便」，不灌不行的程度。

對於新生寶寶來說，最重要的就是：

❶ 便便的顏色

糞便的顏色主要來自於膽汁。膽汁剛分泌出來時為綠色，進到腸道後被細菌慢慢分解變成黃褐色，所以正常寶寶如果膽汁分泌正常，大便應該是綠色 - 黃色。

如果便便變得晶瑩剔透、雪白無比，這樣代表膽汁排出有異常，需要緊急送醫排除膽道閉鎖等問題，若拖延太久，則可能需要接受肝臟移植才能活下來！

❷ 便便頻率

喝純母奶的寶寶排便狀況較為特殊，母奶消化後的渣很少，從 1 天拉 7 次，每次一點點，到 7 天一

次清空都有可能，只要寶寶的胃口活力正常，腹部沒有明顯腫脹或異常哭鬧，則不用擔心。

喝配方奶的寶寶則不一定，通常每天都會大便。

❸ **便便的質地**

隨著寶寶腸胃道成熟，開始接觸配方奶或副食品後，便便通常會開始漸漸成型（但也可能繼續維持軟糊狀），通常慢慢變成一天解一次，只要便便沒有過硬、過大塊難以解出，或沒有太過稀水狀則屬正常。

過硬的大便常常造成寶寶肛門裂傷疼痛，更抗拒排便，惡性循環下變成嚴重的便秘。

❹ **特殊狀況**

若糞便出現半透明黏液、血絲或特殊酸臭味等狀況，常見的情況為：

- 若是剛添加了新的副食品或換配方奶，可能是腸胃道的過敏不適應，需暫時先避免新的食物或換其他配方奶。

- 若狀況持續或同時出現發燒，食慾胃口低下，排便次數明顯增加或嘔吐，則可能視腸胃道感染，須立刻請醫師診治！

How to do

1. 爸爸媽媽平常除了注意寶寶的進食、活動力之外，也應該留意孩子的排便狀況。

2. 如果發現了有疑似便秘的症狀出現，便先 從改善飲食，還有作息著手，增加水分、 纖維攝取，減少高蛋白高油脂食物，排便 專注訓練等。

3. 如果便秘狀況仍未獲得改善，則應盡早尋求腸胃科醫師的 協助。

牙齒還不長

這是缺鈣嗎？

「醫生，我的寶寶 8 個月了還沒長牙齒，是不是缺鈣，需要補充鈣粉嗎？」這是常在診間被問到的問題。寶寶容易缺鈣，所以要補鈣粉？這件事情在台灣似乎是很普遍的觀念，讓我們來了解這件事的來龍去脈。

每日含鈣量

1 歲以下的寶寶是以奶為主食，母奶每 1000c.c. 含鈣量約 340mg，配方奶每 1000c.c. 含 500mg 以上，正常喝奶情況下，每天吃下去的鈣已經是足夠的，更何況還有副食品的幫忙，**1 歲以內不大可能發生鈣質攝取不足現象**。

1 歲以上若有喝鮮奶的習慣，那鈣質含量更高了，每 1000c.c. 含 1000mg，等於一天只要早晚喝一杯（總共約 500c.c.）左右就夠了，再加上日常含鈣的食物更是如虎添翼！

麥片、豆類、堅果、芝麻和蝦貝小魚乾等的鈣質含量都很高，要均衡攝取。在現在台灣環境中長大的寶寶，正常餵食的情況下，是不會有鈣質攝取不足的狀況，不然多吃的鈣無法被吸收，只是增加腸胃的負擔，實在是花錢又傷身！

除非寶寶有嚴重偏食或餵食困難的問題，才有需要額外補充鈣粉等營養品。

台灣兒童每日鈣建議攝取量

年齡	鈣（毫克／mg）
0 ～ 6 個月	300
7 ～ 12 個月	400
1 ～ 3 歲	500
4 ～ 6 歲	600
7 ～ 9 歲	800
10 ～ 12 歲	1000
13 ～ 15 歲	1200
16 ～ 18 歲	1200

（衛生福利部食品藥物管理署 - 國人膳食營養參考）

看診時常見的問題

半夜睡不好是缺鈣？

這個原因很多，例如腸絞痛、睡覺的地方太多過敏原癢醒、穿太多熱醒、白天接受太多聲光（手機、電視等）刺激，這些都和鈣沒什麼關係。

牙齒還不長是缺鈣？

- 牙齒在寶寶剛出生時就已經在牙齦下面排排站準備冒出來了，什麼時候要長是看遺傳及個人體質，和鈣質也是沒有直接關係。

- 只要 1 歲有長一顆出來就是正常的了，1 歲以後還沒長牙齒，就要給牙科醫師檢查一下。

 Tips

不過鈣質吃到肚子是一回事，能不能吸收利用又是一回事，進到腸道後能被吸收，還是只能隨著大便排出去，取決於重要的維生素 D3，它的主要功能之一是幫助鈣質在腸道中的吸收，另外在免疫系統上也扮演重要角色。

❶ 一天至少清潔兩次，尤其是睡前。長牙後，就要用有「含氟」的牙膏。

0 ～ 6 個月沒牙期

· 潔牙工具：棉花棒或紗布巾 + 煮沸過冷卻後的開水

這時候雖然沒有牙齒，但口腔有奶殘留，容易造成念珠菌感染，也就是俗稱的鵝口瘡，所以建議喝完奶後都要把寶寶的牙齦、臉頰黏膜和舌頭給嚕一嚕。

6 個月～ 3 歲長牙期

· 潔牙工具：指套（有刷毛）、兒童牙刷、牙線、氟

在只有長前齒（門牙、犬齒）的時候可用指套，長了臼齒後就該用牙刷。

❷ 長牙後記得就要有「氟」，例如含氟牙膏和定期塗氟，因為寶寶通常漱口不大行，所以牙膏只要「薄薄一層」就好，然後用煮沸過冷卻的開水漱口，還不會漱口的稍微清理就好。

❸ 用牙膏，寶寶吃到怎麼辦？吃到一點點沒問題的。

刷牙時，牙刷刷毛向牙齦約 45 度，且要同時涵蓋牙齒與一些牙齦。刷上排牙齒時刷毛朝上，刷下排牙齒時刷毛朝下。

每次以 2 顆牙齒為單位來回輕刷至少 10 次，並清潔到牙齒的每一面。

要注意的事

❶ 不要含奶瓶睡覺

睡覺時間滿嘴都是奶，不蛀牙也難。

❷ 大人不要把咀嚼過的食物餵寶寶

除了容易傳染疾病，口腔中的細菌也會增加

蛀牙機會。

❸ 避免寶寶接觸到含糖的飲料和零食。

❹ 1 歲後用杯子喝水

1 歲以後應積極讓寶寶練習用杯子喝水，盡

快把奶瓶戒掉，不只容易蛀牙，還容易讓牙

齒長歪。

❺ 半年塗氟一次

只要長了牙齒，就可以每半年去牙科塗氟一次。

❻ 用牙線清潔

當發現寶寶的乳齒靠得太近容易卡牙時，請記

得使用牙線做最後的清潔。

牙齒成長重點

- **重點 1：牙齒發育速度是由基因決定的，**和鈣質攝取足不足沒有直接關係。

- **重點 2：**

  第一顆乳牙，最早可以一出生就有牙齒
  又稱新生齒，如果會晃動或影響哺乳可能要先拔掉。

  最晚大約 1 歲 1 個月前會長出來
  超過時間沒長，就建議要看一下牙科。

  最後一顆乳牙：最晚大約是 3 歲前會長好
  然後就好好照顧到 6 歲左右開始換恆齒。

- **重點 3：長牙不一定會照順序長。**
  有可能會跳著長，怎麼長都好，最後都會長齊。

- **重點 4：乳齒排列鬆鬆很常見**

  乳齒看起來一顆一顆好像不太緊密，需要擔心嗎？那是因為乳齒只有 20 顆，位子比較空，**等長恆齒 32 顆就會長滿了！**

尿道感染

尿尿有怪味？

尿道感染是新生兒期常見的細菌感染之一，因為男寶寶剛出生時普遍有生理性包莖，會增加尿道感染的機會，所以嬰兒期男寶會比女寶容易發生，大部分男生包皮在青春期左右會自然脫開。

症狀

由於新生兒免疫反應還不強烈，感染發生時不一定會發燒，需要靠家長留意寶寶是否有異狀，例如躁動、食慾不振、嘔吐、輕微腹瀉、反覆發燒、黃色分泌物、尿液有異味等，有的寶寶甚至只用「黃疸不退」來表現。

預防包皮問題造成感染

❶ 如果有反覆包皮發炎，或尿尿時包皮先像氣球一樣脹起來後，尿尿才流出來的現象，代表包皮真的太緊，建議要接受治療。

❷ 男寶洗澡時，建議還是要輕輕的後推包皮到有一點點繃的位置，洗乾淨再歸位，切忌不要用力整個往後推，容易造成撕裂傷或包皮崁頓（就是包皮卡住推不回去，可能會先水腫，然後缺水壞死）！

要注意的事

新生兒尿道感染若延誤治療，容易順著尿道往上傷害腎臟，甚至跑到血液裡變成敗血症，一定要小心！

總之，只要爸媽覺得新生寶寶突然「怪怪的」，最好盡快接受檢查！

脂漏性皮膚炎

寶寶怎麼滿臉小痘痘？

很多寶寶在出生接近滿月的時候，突然滿臉紅疹＋痘痘，不僅臉頰，常常 T 字部位、耳朵和頭頂也都會有，容易伴隨著黃色的脫屑痂皮。

大約 2 ～ 3 個月大左右，紅疹會慢慢改善，但黃色痂皮則會持續存在，這就是台語俗稱的「囟賽」。6 ～ 12 個月大左右自然消失。

成因

- 寶寶內分泌不成熟，皮脂分泌旺盛。

- 角質增生過度。

- 輕微黴菌感染。

爸媽看到寶寶臉上長東西,心裡會非常不舒服,但除了少數寶寶可能會覺得癢癢想抓之外,本身其實通常沒什麼不適。

進 程

隨著長大體質改變,約 6 個月大會慢慢消失,通常 1 歲前會完全不見。

照顧方式

❶ 用清水或是寶寶洗髮精清洗都可以,但不需要刻意想把它洗掉,過度搓揉常常導致紅腫發炎!

❷ 有人說用麻油/嬰兒油可以有效去除因為凶賽本來就是油脂為主構成的,所以用「油」通常可以比清水容易洗掉去除,用其他油也行。

要注意的事 ─────────────

❶ 用油只能「暫時」去除，在體質改變前都還是會再出現。

❷ 有些寶寶的皮膚碰到某些油品後，反而出現嚴重過敏發炎反應，甚至併發蜂窩性組織炎，所以其實也不必過度清潔，等他長大自然痊癒即可！

 Tips

如果真的「非常不舒服」（不論是寶寶本身，還是爸媽心理），還是可以考慮用外用弱效類固醇藥膏，或是使用脂漏性皮膚炎專用乳液來改善。

慢性蕁麻疹

怎麼又紅又癢？

有位焦慮的爸爸帶了一位大約 4 歲左右的小朋友，因為反覆蕁麻疹已經將近半年左右的時間了，爸爸很自責孩子一直受蕁麻疹的苦。當爸媽真的不簡單，孩子不舒服，爸媽看了心裡更難受！

成因

蕁麻疹是一種發生於皮膚的過敏反應，發作時皮膚會出現隆起的紅疹，伴隨不同程度的搔癢，常常很快消失後又換一個地方出現。

可以簡單分成急性和慢性，急性通常來得快去得也快，大多使用口服或注射抗組織胺很快就改善。但反覆發生超過 6 週以上就稱為慢性蕁麻疹。

過敏原

❶ 有些人的蕁麻疹有明確的原因,例如:吃到蝦子、花生或喝到酒,以上比較幸運,只要避開這些東西可能就沒事了。

❷ 許多慢性蕁麻疹的病人,則不見得有明確的原因,例如壓力、冷熱變化、熬夜、曬太陽、感冒,甚至碰到水或摩擦到皮膚就會發作!

照顧方式

所以和病人一起討論發作的情況是很重要的,例如這位小病人最常發作的時間點就是:晚上洗完澡後到上床睡覺之前,相當規律,代表很有可能就這時候接觸到刺激物。

❶ 建議先調低洗澡水的溫度;暫時不用沐浴乳等清潔,改成清水清洗。

❷ 加強床墊上的清潔,包含洗床單、不放娃娃、吸塵器除去過敏原等。

❸ 搭配口服抗組織胺使用。

How to do

　　不是每個病人都有辦法找到可能的原因，盡量做到以下事項，症狀會漸漸改善。

❶ 避免所有可能的刺激物，例如：熱水、清潔品、高過敏食物、寬鬆衣物避免摩擦皮膚。

❷ 適度運動和充足睡眠。

❸ 均衡的營養攝取（蔬菜、水果）。

❹ 嚴重時搭配藥物使用。

皮膚黴菌感染

夏天皮癢症

爸媽帶著 3 個月大寶寶來到門診，主訴是因為先前身上長「濕疹」，已經在其他診所就醫擦類固醇藥膏治療，但越擦越嚴重，範圍越來越大。我把衣服拉起來一看，這個所謂「濕疹」的特徵，是外圍特別紅，而中間偏白色，因為癢晚上非常難睡覺。這其實是寶寶很常見的黴菌感染，得立刻停用類固醇好好治療了！

夏天除了蚊子咬之外，皮膚黴菌感染從 5 月也越來越常見，而且常常會因為擦了類固醇藥膏而越來越嚴重！

在寶寶比較常見的有兩種：

- 體癬

- 念珠菌感染

傳染途徑

❶ 黴菌孢子無所不在，可以經由直接接觸、間接接觸傳染。

❷ 熬夜或偏食造成抵抗力下降時，也會很容易感染！

感染部位

可以發生在身體的各個部位，尤其是悶熱潮濕的環境，例如腳被鞋子悶了好長一段時間，就會有香港腳；寶寶則是尿布濕了太久沒換，或是衣服穿太多悶一身汗。另外，異位性皮膚炎的寶寶，也常會因為皮膚免疫力下降而感染！

❶ 體癬或念珠菌都很常見，體癬比較常出現在寶寶的肚子、背後和臉頰上。外觀上主要是一圈一圈的疹子，圈圈的外圍比較紅，中間偏白色是其特徵。

❷ 念珠菌則好發在寶寶的胯下，外觀上像是一坨痘痘聚集在一起，但是沒有白色的膿包。

如何治療？

❶ 遇到皮膚紅疹，請勿自行拿藥膏擦，先由醫師判斷是什麼狀況再用藥。

❷ 若是黴菌感染擦了一般過敏濕疹藥膏，往往會更嚴重。需用抗黴菌藥膏，並完成完整療程才能有效治療！

如何預防？

❶ 不要有適合黴菌生存的環境：也就是不要讓寶寶穿太多悶出一身汗！寶寶其實比大人怕熱很多，摸到背後脖子濕濕流汗就該減少衣物。

❷ 尿布要勤換。

❸ 有異位性皮膚炎的寶寶，要經常使用保濕產品，來維持皮膚表層保護完整性。

要注意的事

寶寶身上得到黴菌感染時一開始常會被誤認是濕疹，而誤用了治療過敏濕疹的類固醇藥膏，導致病兆越來越嚴重！所以接受任何皮膚治療時，如果有發現病兆變嚴重，建議先停藥，盡快回診重新評估進行藥物更換。

寶寶鬥雞眼

真斜視 vs 假性斜視

怎麼辦？寶寶眼睛歪歪的，會不會長大後也是這樣？

 **假性斜視**

　　因為寶寶的眼距太寬，兩眼靠近鼻子部分的眼白被眼皮擋住，看起來會很像眼睛鬥雞眼。

可以用光照方式來檢查，如果光線在寶寶雙眼瞳孔的光線反射位置相同，且都在正中央，代表寶寶眼睛對位正常，這稱為假性斜視。

假性斜視
看燈時兩邊反光點
皆在正中間

不需驚慌，長大會慢慢改善。

暫時性內斜視

　　這是由於神經尚未發育完全，在 6 個月內的寶寶偶爾可見的真斜視。

用光照檢查可以發現兩眼的亮點不對稱，絕大多數長大一點會改善。

真內斜視
看燈時兩邊反光點
不對稱

要注意的事

　　若超過 6 個月大的寶寶依然有這樣的狀況，就可能是真的有眼睛控制肌肉異常，需請眼科醫師評估！

掉髮

我的寶寶怎麼禿頭了？

新生寶寶剛出生的時候，身體會覆蓋著胎毛，在準備出生前左右會開始掉毛，換成比較成熟的毛髮，而換毛的順序通常是從前額頭頂開始，再慢慢往兩側後腦勺掉髮。

成因

很多寶寶在剛出生不久時是處正在掉前額區的狀態，所以會呈現地中海禿。

之後前額頭頂的部分慢慢成熟強韌，接著大約 4 個月左右開始換兩側和後面，但是這時候的寶寶活動力強，經常壓迫、轉頭或摩擦後腦區域，所以會容易掉得更明顯，變成一條「路」，這就是俗稱的姑／孤路。

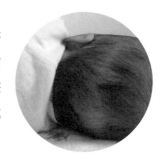

要注意的事

　　落髮的嚴重度和遺傳以及種族有關，有的寶寶會禿得比較厲害，有的寶寶則幾乎看不出來。禿的比較厲害也不要太緊張，除非是有罕見的毛囊發育不良或頭皮缺損，才會真的長不出來，這部分可以在打預防針的時候，請兒科醫師幫忙確認一下。

　　這樣的落髮情況大約到1歲之後，毛囊成熟，加上寶寶會站、會走，比較不會再一直摩擦壓迫後就會慢慢改善，大概2歲左右就幾乎會長齊囉！

How to do

遇到寶寶禿頭時，到底怎麼做才是最正確的呢？

❶ 請深呼吸告訴自己，沒事的！慢慢會長出來，不要緊張！這個狀況通常會持續幾個月。

❷ 剃頭不會影響生髮，可剃可不剃，但強烈建議如果目前禿的很厲害的時候，還是可以先剃光，戴上可愛的帽子或髮飾，能減少非常多鄰居或長輩給的壓力。

O 型腿

腳腳怎麼彎彎的？

常常聽到許多媽媽們聊天時會聊到這樣的話題：「寶寶骨頭發育還不完全，太早開始走路會 O 型腿，所以寶寶很早會站，要趕快把他壓倒不准走。」

聽起來好像很合理，但寶寶太早站立真的會 O 型腿嗎？

這裡我們先來了解一下正常寶寶腿部發育的過程。一般情況下，我們立正時兩腳的膝關節和足踝是可以靠在一起的。

什麼是 O 型腿（膝內翻）？簡單來說，當立正站好，若雙足踝貼近時，兩膝關節距離過大，遠看呈現 O 字型，就是俗稱的 O 型腿。相反的若立正時，雙膝關節可貼近，但雙足踝距離過大，則稱為 X 型腿（膝外翻）。

鐘擺現象

正常情況下是這樣的:

嬰兒出生前,因為必須塞在媽媽小小的子宮裡長大,腿部也會受到壓迫,所以剛出生時本來就是 O 型腿。之後漸漸長大開始學習站立走路,因為要承受體重的關係,O 型腿會看起來更明顯,這稱為生理性 O 型腿。隨著寶寶骨頭持續發育,約兩歲前,這樣的 O 型腿是會自然矯正的。

但是緊接而來的是會出現過度矯正,慢慢變成 X 型腿,大約在 4 歲前後會最嚴重,隨後又會再慢慢拉直,約到 10 歲左右變成正常的外觀。

以上「鐘擺現象」（O → 直 → X → 直）,是大多數寶寶腿部的發育情況,是正常的,請大家放心。

寶寶太早站會不會 O 型腿?

至於寶寶太早站立,究竟會不會造成 O 型腿?

寶寶肌肉骨骼必須要發展到一定程度,才有辦法站起來,所以「自然」情況下是不會增加 O 型腿的機會（坐學步車等輔具強迫站立除外）。

若有人說她的寶寶很早會站,結果就 O 型腿了,這時不妨可以告訴她,每個寶寶生來就都是 O 型腿,不用緊張,長大會自然改善,不需要因此影響寶寶正常發展。

要注意的事

　　病理性的 O 型腿或 X 型腿，是需要盡快就醫找出原因，並且治療矯正，以下提供幾個線索：

❶ 雙腿明顯 O（或 X）的不對稱。

❷ O 型腿超過 2 歲還未拉直。

❸ X 型腿超過 8 歲以上仍無明顯改善。

　　其他有合併身材過度矮小、關節受傷或感染的病史，或其他代謝性疾病。若有以上任一現象，需盡快就醫接受矯正治療，以免影響未來骨骼發育。

How to do

　　真正的 O 型腿是由於先天性、外傷、細菌感染、關節炎、代謝性疾病等因素造成的，在自然情況下，寶寶如果能夠自己站起來，代表他的骨骼肌肉發展已經足夠，才能做到這樣的動作，順其自然即可，不用強迫他不准站而影響發展。

維生素 D
喝純母奶的寶寶很需要！

維生素 D 是人體重要的維生素之一，廣為人知的功效就是：促進腸道鈣質和磷的吸收，以及增加骨骼利用鈣的效率！

對於寶寶骨骼發展非常重要！簡單來説，即使寶寶每天攝取了豐富的鈣質，若沒有維生素 D 的幫忙，那麼吸收效率會很差，都直接跟便便一起排出去超浪費的！

與很多健康問題相關

最近幾年許多研究發現，維生素 D 不只是對體內鈣質穩定和骨骼形成有幫助，維生素 D 缺乏還和自體免疫疾病、過敏、心血管疾病、糖尿病，甚至癌症有關！不論大人小孩都要注意！

國人健康檢查中發現有 7、8 成以上的民眾，都是屬於維生素 D 不足或缺乏的，這點引起了政府的注意，也因此在最近幾年大力宣導維生素 D 的重要！

維生素 D 怎麼來？

自然情況下主要有兩種方式：

經由食物攝取（約佔 10% 來源）

- **非動物來源 D2**：香菇、木耳等
- **動物來源 D3**：油脂豐富的魚類、魚肝油、肉類、蛋黃

> 各類食物中的維生素 D 含量都不高，
> 想單純靠食物獲得足夠的 D3 是作夢！

皮膚經過陽光紫外線照射後自行合成 D3（約佔 90% 來源）

最主要的維生素 D 來源！不論得到的是 D2 或 D3，都會送到肝臟以及腎臟，轉換後變成有活性的維生素 D（calcitriol），這個形式的維生素 D 才有真正的功能！

> 其中又以 D3 在人體的利用率比較高，建議每天都要曬曬太陽！

一天要曬多久才夠呢？

各個國家的研究不太一樣，大致來説，建議要在晴天時不擦防曬、不撐洋傘，也不可以隔著玻璃的情況下，完全露出臉、手臂和雙腳每天至少 10 分鐘，冬天可能需要 20～30 分鐘才夠！

但是台灣人常常沒辦法接受到適當的陽光曝曬，原因很多，例如： 天氣不穩定，常常陰雨綿綿沒得曬；很多人怕曬黑，不肯曬太陽；近年阿宅太多整天曬 3C，沒空曬太陽等。

嬰兒容易缺乏維生素 D

還有一個非常重要的族群也容易有維生素 D 的缺乏，就是剛出生的嬰兒，若想靠日曬得到足夠的維生素 D，就得每天把寶寶衣服脫掉只剩尿布，推到大太陽下烤個 10 分鐘，還要記得翻面免得烤焦，幾天之後小白豬變成烤乳豬，大概很難做到。

再加上母奶中的維生素 D 含量很低，純餵母乳的嬰兒有引起維生素 D 缺乏與佝僂症（軟骨症）的報告。

* 為了維持嬰兒血清中維他命 D 的濃度，台灣兒科醫學會建議純母乳哺育或部分母乳哺育的寶寶，從新生兒開始每天給予 400IU 口服維生素 D。

* 使用配方奶的兒童，如果每日進食少於 1,000 毫升加強維生素 D 的配方奶或奶粉，需要每天給予 400 IU 口服維生素 D。維生素 D 的其他來源，例如加強維生素 D 的食物，可計入 400 IU 的每日最低攝取量之中。

至於比較大的孩子，就建議每天出去曬曬太陽增加維生素 D 的合成，才可以長的又高又壯又健康！

口服維生素 D 去哪買？

只要挑選嬰兒專用維生素 D3 就行了，記得是選 D3，通常是做成每滴 400IU，餵食很方便！

水解蛋白配方奶粉

寶寶營養會不足嗎？

　　新生兒不是縮小的成人。新生兒剛出生到這世界上，許多器官都還在發育中，包含呼吸、神經、免疫、消化系統等等，因為剪斷了臍帶之後，來自媽媽的營養供應也跟著中斷，於是必須靠自己的消化系統，也就是腸胃道來消化食物得到所需的營養！

　　母奶除了有適合人體消化吸收的蛋白之外，還有許許多多免疫蛋白和各種消化酵素，除了寶寶好消化吸收之外，還可以預防過敏增強免疫力。

　　但不是每個媽媽都有辦法給予寶寶足夠的母奶，例如：胸部開過刀、正在服用特殊藥物、工作壓力關係、或是本身母奶分泌較不足等，這時候可能就必須尋求其他母乳替代品的幫忙，也就是配方奶。

**重要觀念**

❶ 現在配方奶製作技術進步，除了免疫球蛋白等一些特殊成分可能無法添加外，其他的電解質、維生素及各種營養物質，幾乎都可以做到非常逼近真正的母奶，因此喝配方奶的寶寶也可以順利健康長大。

❷ 有個觀念很重要：一般配方奶再怎麼調配的完善，都是來自於牛或羊的奶等非人類的蛋白，而這些牛（羊）奶蛋白，容易引起小寶寶還未發育完全的腸胃道的過敏反應，例如：腹脹、嘔吐、便秘、血便、腸絞痛等，或是其他皮膚呼吸道的過敏症狀。

**水解蛋白配方奶粉**

為了改善這個情況，水解蛋白配方奶粉就出現了！

❶ 水解蛋白，是運用熱加工或酵素水解的技術，改變蛋白質的排列組合與立體結構，將牛奶的大分子蛋白質，分解成小分子的蛋白質。如此可以大幅降低牛奶蛋白的致敏性，讓蛋白質變得更適合寶寶的免疫系統，更好消化吸收。

❷ 事先把牛奶蛋白的大分子先砍斷成小小的蛋白質片段，進入寶寶腸胃道內後，因為已經不是原本牛奶蛋白質的結構，而是已經被消化後的片段，所以寶寶的腸胃道免疫系統，就比較不會有對牛奶蛋白過敏排斥的現象出現。

錯誤觀念

常常聽到有人說，水解蛋白營養不足，長期吃會導致營養不良。這是錯誤的！水解，只是把蛋白先切斷而已。

很簡單，大家想想看，一塊牛肉，整塊煎熟後直接吃，和先切小塊後再煎來吃，營養價值有下降嗎？答案是沒有，所以不要再誤信謠言。

How to do

❶ 已經有許多文獻證實，水解
蛋白奶粉可以有效減少寶寶
因為使用一般配方奶粉，導
致腸胃不適的機會，甚至能
預防其他過敏疾病，例如異
位性皮膚炎發生的機會。

❷ 建議新生寶寶應該以母奶為主要營養來源，而無法餵食母
乳的寶寶，且家族有過敏體質，或是已經證實對牛奶蛋白
過敏，則應該優先以水解蛋白奶粉來當做營養來源。

❸ 母乳仍然是現在公認最佳的嬰兒營養來源，對於高過敏風
險的孩子，以純母乳哺育 4 ～ 6 個月以上，可以減少將
來發生過敏疾病的機會。若
無法以純母乳哺育的孩子，
則建議用水解蛋白奶粉餵食
至少 4 ～ 6 個月以上，也可
以有一樣的效果。

副食品

怎麼添加才對？

　　世界衛生組織建議新生兒應持續哺餵母乳至 6 個月，6 個月之後才開始介入副食品。這比較適合在衛生環境不好的開發中國家使用，可以延後寶寶接觸到不潔食物造成感染的時間，6 個月大對抗細菌的抵抗力較好，較能存活。

　　寶寶的副食品添加原則近幾年一直在進步修改中，根據美國兒科醫學會營養委員會的建議，從 2000 年大家熟知的，高過敏食物須延後餵食，例如：1 歲後牛奶，2 歲後雞蛋，3 歲後才能吃花生、魚；到 2008 年發現，前幾年這樣做，並沒有證據顯示可以降低過敏的發生率。

　　一直到最近 2012 年研究：延後寶寶接觸各種副食品的時間，可能會導致食物過敏、氣喘、異位性皮膚炎等過敏疾病發生率增加，早期接觸各種副食品，反而可以預防過敏疾病發生！

　　最近有發現，純母乳哺育的寶寶在 4 個月之後，因為寶寶身體成長快速＋母乳鐵質不足，導致寶寶血液製造追不上身體成長的速度，容易發生「缺鐵性貧血」，影響各方面的發展。

Q：什麼時候開始吃副食品？4個月？6個月？

A：以上時間都可以。

要注意的事

如果 4 個月大以後的寶寶只要有以下情況，就可以準備添加副食品。

❶ 脖子夠硬，大人抱著坐在身上時不會搖頭晃腦。

❷ 看到大人吃飯時，放下奶瓶口水直直流或乾脆伸手去搶。

建議食物

❶ 從含鐵質高的食物開始攝取來補充鐵質，例如：米、燕麥、黑麥、馬鈴薯、肉類（牛、豬、雞、魚）、蛋、全麥麵包、胡蘿蔔、南瓜。

❷ 菠菜雖然鐵質高，但富含植酸會影響鐵的吸收，比較不適合當作鐵的主要來源。

❸ 最好用湯匙餵食，而非泡進奶裡用奶瓶餵，才可以訓練咀嚼和吞嚥。

添加原則

副食品的建議最近慢慢改變，很多以往建議是從 1 歲內只能吃稀飯、青菜，其他高過敏性食物越晚吃越好，每週添加 1 種，連續吃 7 天，如果沒有出現任何過敏不適等症狀，可於下週開始添加第 2 種，以此類推。

現在變成早點吃、多嘗試高過敏食物。為什麼呢？因為近年發現寶寶腸胃耐受性最佳時機就是 1 歲內。1 歲內多接觸各種食物反而可以減低過敏的機會，但要把握一個原則：過敏會不會發作和接觸到的量非常有關，大量接觸容易刺激過敏，而少量接觸則可以訓練耐受性，所以初期嘗試請記得：微量嘗試。一次兩三種食材少量吃，然後經常更換，最好在 1 歲之前把生活中常見的食物都試過，若真的出現不良反應則須暫停此種食品，兩個月後可再做嘗試。

❶ 花生堅果類也可以吃嗎？

可以，但請先磨碎，而且記得把握微量嘗試原則。

❷ 副食品不要太「清淡」，如果副食品的纖維高，但不放點油進去是非常容易便秘的，像是橄欖油、葵花油等等都 OK。

❸ 提醒 1 歲內絕對不能吃的食物是「蜂蜜」，因為會有肉毒桿菌中毒的機會，嚴重時可能導致生命危險，切記！

How to do

❶ 如果寶寶一直沒有準備好的跡象，或爸爸媽媽真的想要延到 6 個月才吃副食品，也是可以的。

❷ 延後副食品的母奶寶寶，可以額外幫寶寶補充「鐵劑」來預防缺鐵性貧血。

Q 嬰兒怕冷，一定要用厚厚的布單緊緊包住或穿好幾件衣服？

A NO

對於正常的足月新生兒，除了剛離開母體時必須積極保暖外，大約滿月之後就要看寶寶狀況。

一般而言，寶寶是比大人還要怕熱的，因為皮膚和體溫調節能力還未發育完全，散熱功能較不足，常常一穿多體溫也跟著上升，悶熱導致活動力、胃口下降影響正常發展，也容易導致皮膚出現濕疹或其他感染。

建議做法

・大人穿兩件小孩穿一件（如果怕被長輩罵，至少大人一件小孩一件）。

・摸到小孩背後流汗代表太熱，可以穿少一點（手腳溫度本來就低，手腳冷不代表身體冷，摸背後才對）。

Q 小嬰兒洗澡要單用清水，還是要用肥皂洗？

A **建議仍要用清潔劑洗**

外界環境中充斥著許多細菌病毒，單用清水洗手或洗澡，仍會有許多微生物殘留在皮膚上，容易造成感染等症狀發生。

但新生寶寶皮膚敏感，有些孩子用一般市售沐浴乳洗澡，容易出現紅疹等不良反應，因此建議這些皮膚敏感的孩子，可以選用母乳皂或敏感肌膚專用的沐浴品來洗澡，至少 2 ～ 3 天洗一次，減少微生物感染的機會。

Q 男寶寶洗澡時要不要把包皮推開清洗？

A NO

新生兒的包皮本來就是處於包莖（包皮開口小於龜頭直徑）的狀態，隨著年紀長大，大部分在青春期前後會自然脫開，若洗澡時硬把包皮往下推，容易導致包皮前端撕裂傷或是往下套住（嵌頓）龜頭，無法推回去造成疼痛或缺血，必須去醫院處理。

正確的做法

爸爸媽媽可以「輕輕的」把龜頭往下推到有張力（或阻力）出現的位置，再用清水沖洗即可。

Q 我的孩子都不吃飯，餵食困難怎麼辦？

A 兒童的餵食困難可以有許多原因引起：

疾病相關：例如腸胃道疾病、過敏、腫瘤、代謝疾病等心理相關；如父母期待過高、曾有不良進食經驗等，所以遇到餵食困難的狀況，且長期未改善時，請先讓醫師評估是否有疾病相關的問題！

若沒有潛在的疾病，單純屬於行為方面問題的兒童，飲食行為的調整，進而幫助孩童建立正確飲食習慣，為臨床處置中相當重要的一環。目前台灣兒科醫學會給予以下建議：

建議做法

· 訂好用餐規則：父母可以決定用餐的時間、地點與該吃什麼，但由孩子自己決定要吃多少。

  ▶ **強迫餵食會讓孩子有不好的經驗，而抗拒進食。**

· 用餐時應避免吵雜或容易分心的環境，讓孩童可以專心吃飯。

  ▶ **關電視！**

· 善用方法促進孩子食慾：餐與餐之間應有 3～4 個小時的間隔，且不要提供營養成分不佳的零食。

  ▶ **保持中立態度：不要用過度誇張的舉動來促進餵食，也不要流露出不悅的情緒。**

· 給予合理的用餐時間：可配合家庭用餐時間。

· 給予適齡的食物，採用小份量，且小孩有辦法咀嚼的食物。

・尊重孩子對於新食物的抗拒，有系統地讓孩子嘗試新食物。

・鼓勵孩子自行吃飯，給予個人專屬的餐具。

・容忍孩子在這個年齡階段，可能因不熟練而吃得亂七八糟的情況。

有個特殊狀況是父母過度擔心，覺得孩子吃太少！確認孩子有攝取均衡飲食，維持正常成長曲線就不用太擔心。若做了以上措施，孩子仍然有餵食上的困難，而也確實有體重、身高跟不上成長曲線的狀況，則需要再到醫院和醫師及營養師進行諮詢建議。

Q 皮膚過敏藥膏大都含有類固醇，小寶寶可以擦嗎？

A 皮膚過敏一旦發生，容易出現搔癢難耐的症狀，而越抓會讓情況越嚴重，越來越大片，抓傷造成感染，發炎過久而色素沉澱等不良影響，此時使用一些局部類固醇抗發炎藥膏，通常可以快速緩解。

大多數家長一聽到類固醇都會臉色大變，非常抗拒，不外乎是擔心副作用，如月亮臉、水牛肩、長不高等，時代在進步，類固醇也一直在進步，新的類固醇對人體的副作用已經越來越低，而外用的類固醇在正常使用下更是鮮少有副作用出現，因此依照指示使用是安全的！

除了藥膏，皮膚的保養更重要，使用過敏專用的清潔保濕產品，避免高溫流汗及食用低過敏水解蛋白奶粉，都可以改善皮膚過敏症狀。

Q 寶寶需要定時清理耳垢（屎）嗎？

A 相信這是很多爸爸媽媽心中常出現的疑問，看到寶寶耳邊的那些屑屑，不給他好好清理一番，心裡總是會有那麼一點不暢快！

耳垢（屎）〔耳蠟〕是由老化角質 + 外耳道腺體分泌物混合而成，具有**抗黴抗菌，甚至可以抵擋昆蟲**等異物進入耳道的聖品！乾或溼的耳蠟是由於遺傳基因不同造成的，兩者皆有一樣的效用。

因此，正常情況下其實我們「不需要」特地去清理耳蠟。有人會問：「如果不去清理耳蠟，那不就會慢慢的把耳朵塞住了嗎？」

其實不會的，新的耳蠟產生後會把舊的耳蠟往外推，加上我們在咀嚼和講話時下顎的張合運動，可以自然促進耳蠟清除排出至外耳道邊緣，所以**大部分的人耳朵即使不去清理，也不會有被耳蠟塞住的問題。**

除非有以下問題：

1. 天生耳蠟分泌旺盛，產生太多來不及排出。
2. 天生耳道較細的人。

這些人可能真的會因為耳道阻塞，導致不適或聽力受到影響，建議定期給醫師清理，以免自行掏挖導致感染或鼓膜受傷等問題。

如果是怕弄傷耳朵，那使用棉花棒輕輕的清理耳垢，應該沒關係吧？

用棉花棒掏耳朵，看到棉花上面沾著一點點屑屑很開心，但其實很容易把耳蠟往耳道的深處推，會更容易造成耳道阻塞的；棉花棒應該是用在洗澡或游泳後，把外耳道的「水吸乾」用的，而不該用來「掏耳蠟」的；因為吸了水的耳蠟，有時會膨脹造成阻塞或不適。

經常挖耳朵會有什麼壞處嗎？

1. 被移除耳蠟的耳道，容易被細菌、黴菌等感染發炎。
2. 棉花棒、掏耳棒或手指都可能把耳垢往更深處推去，而更容易阻塞。
3. 耳道容易因為刮搔受傷，甚至不小心刺傷鼓膜。

正確的處理方式

・不需要特地定期清理耳蠟，把已經推到耳道外的耳蠟輕輕拭掉即可。
・保持外耳道的乾燥，用棉花棒輕拭或用吹風機吹乾，因為吸了水的耳蠟有時會膨脹，造成阻塞或不適。
・只有在需要檢查耳膜（懷疑中耳炎）或耳蠟阻塞引起的不適感（哭鬧），或疑似有聽力障礙時才需要移除，且建議請醫師處理，以免引起其他問題。

Q 寶寶出生時用臍帶血做了過敏檢查，明明沒有過敏，為什麼後 來還是開始過敏，每天癢癢抓抓呢？

A 剛出生時用臍帶血做的過敏檢查，是檢驗寶寶體內有沒有出現一種過敏抗體 IgE 來判斷，但它要出現有兩個主要條件：

· 寶寶本身是過敏體質。

· 要有足夠的過敏原進入媽媽體內，且通過胎盤進入寶寶的身體內。

IgE 的產生要先有過敏原進入寶寶身體裡刺激，身體才會開始製造大量的 IgE，但在台灣大部分懷孕的媽媽，會特意避開許多過敏的食物或較注重環境清潔，所以體內的過敏物質量通常不多，因此也不容易通過胎盤進入寶寶體內，大部分的寶寶即使有過敏體質，也不容易在此時驗出高量 IgE。

IgE 高低

若驗出有高量 IgE 表示：1. 寶寶確實有過敏體質 2. 家裡環境有大量的過敏物質，必須盡快改善！

若驗出 IgE 是極低的表示：寶寶在媽媽肚子裡時沒有被過敏原刺激，但是不代表他沒有過敏體質，需要後續的觀察。若有過敏體質，仍然會在出生後直接暴露於環境過敏原中，不久後依然會有過敏症狀產生。

2

不怕一萬，只怕萬一！
嬰幼兒急救篇

哈姆立克法

爸媽都要會的事

寶寶對周邊的環境充滿了好奇，大約 3～4 個月大後的寶寶，雙手抓握功能漸漸成熟，抓到東西就非得往嘴裡塞，咬咬看試試味道才開心！

這是他們探索世界的方式，也是身體發展的一個正常過程，不需要刻意禁止，但家長務必把容易誤吞的東西收好，例如：鈕扣、硬幣、彈珠等，以免發生異物梗塞事件。

 **急救步驟**

不過很奇怪的是，不管東西收的再好，寶寶總是有辦法找到容易誤吞的東西，為了預防不幸事件發生，爸爸媽媽一定要會這項基本的急救措施：**異物梗塞排除法 —— 哈姆立克法**。嬰幼兒（1歲以下）的哈姆立克法和大人完全不同，請特別注意！

❶ 梗塞常見症狀

突然出現的劇烈咳嗽 + 臉色脹紅

盡早發現梗塞的症狀，是成功的關鍵！請求醫療救護系統，並盡快開始施救。

❷ 如果「意識還清醒」，應立刻進行

5 次背部扣擊→翻轉寶寶→5 次胸部快速按壓→再翻回去繼續扣背

直到異物排出或病患恢復意識。

◉ 背部扣擊技巧

將嬰兒頭部向下，以虎口抓住寶寶顴骨，手臂對著嬰兒胸腹部一直線靠著，翻轉嬰兒，把嬰兒的雙腳分開夾在成人的手臂間，靠在大腿上稍微向下傾斜。

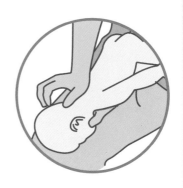

背部叩擊於兩側肩胛骨間，以手掌跟對準此處，從高度 30 ～ 40 公分處叩擊 5 次。

總之讓寶寶趴在手臂靠在大腿上，頭低於身體，確定穩固寶寶不會掉下來後，使用掌根從背後敲下去就行了！

🔍 胸部按壓技巧

以食指與中指在兩乳頭連線下方，快速且連續按壓 5 次。

❸ 如果病人「失去意識」

A 試著用食指或小指排除異物

B 暢通呼吸道，試著吹氣

C 進行 5 次背部扣擊 + 5 次胸部快速按壓

重複以上 ABC，直到奏效或救援來到。

❶ 除非可以明顯看到異物，不然不要在寶寶意識仍然清醒時試圖挖出異物，寶寶激動下可能會把異物吸到或被推到更深處。

❷ 不要害怕進行施救，平時可以模擬練習，其實抱法和我們幫寶寶洗澡、洗背時很類似。

　　當異物梗塞發生時，盡快開始施救才能減少缺氧造成的腦傷，請大家一定要熟悉這項急救方式。

頭部外傷

出來爬，遲早要摔的！

隨著寶寶長大，活動量也慢慢增大，就注定踏上了遲早要撞到頭的命運了！從 4、5 個月大會翻身開始，一個不注意就滾下床，到了 1 歲前後開始學走路，搖搖晃晃到處摔，頭上同時有好幾個包、長幾隻角是非常常見！

頭部外傷

寶寶的骨頭彈性好，根據統計，從 90 公分以下的高度跌落，是鮮少會造成骨折或腦部傷害的，但 120 公分以上的摔落機率就提高了不少，**需要多注意。**

床鋪高度大約是 60 公分上下，所以從床上滾下來通常沒事，但沒抱好手滑摔下來，就大約是 120 公分左右，千萬要抱好啊！

要注意的事

如果真的不幸摔落，爸媽除了自責流淚外，請注意以下重點：

❶ 如果寶寶摔到後立刻哀兩聲，給他秀秀之後一切正常會吃、
會玩、笑瞇瞇，那通常是輕微的狀況。

❷ 爸爸媽媽只要注意後續觀察約三天的時間，每 4 個小時稍
微叫醒寶寶看看是否能清醒即可。

❸ 三天後都沒事，基本上 99.9% 安全。

什麼狀況需要立刻就醫？

❶ 摔下的當時寶寶有昏倒。
❷ 摔後不久寶寶開始出現明顯嘔吐現象，且
越吐越兇。
❸ 寶寶摔後變得很嗜睡，不容易叫醒。
❹ 出現完全無法安撫的異常哭鬧。
❺ 手腳出現無力，或是已經會走的孩子，變
得一直摔倒。
❻ 頭痛越來越厲害（會說話的孩子）。
❼ 前囟門澎出（嬰兒比較能觀察到）。

How to do

❶ 請勿自行給予止痛藥，以免讓頭痛症狀不明顯而延誤治療
時機。

❷ 如果有傷口需消毒，預防感染。

❸ 為了觀察嘔吐情況，請少量多餐，且避免給予不好消化的
食物，免得真的吐了混淆診斷。

❹ 半夜確認意識時，每 4 小時叫醒一次就好，不要太緊張，
如果每個小時都叫醒一次，隔天早上通常都會出現嗜睡和
噁心的熬夜症狀。

嬰兒猝死症

要命的趴睡

在進行住院醫師面試時,接到來自急診的電話請我過去幫忙,因為來了一位發生窒息的寶寶正在急救,病史一問,又是趴睡,似乎每年都會發生這樣的悲劇……。

1 歲以下嬰兒突然死亡,且經過完整病理解剖、解析死亡過程,並檢視臨床病史等詳細調查後,仍未能找到死因者,稱為嬰兒猝死症候群。

趴睡的猝死率

此症最好發在 2 個月以上到 3 個月大的嬰兒,1 個月大以下的嬰兒少見,真正發生的原因其實還沒確定,眾說紛紜,腦幹發育不成熟等都是可能的原因,而目前已經有許多報告證實和「趴睡」有明顯相關,且在「冬天」有較高的發生率。

1980 年代荷蘭的流行病學調查,當時發現趴睡是嬰兒猝死症候群的危險因素之一。雖然此事並未受到重視,但後來紐澳等國家,也陸續發現趴睡是重要的危險因素,於是從 1991 年開始宣導不

要趴睡，結果該地的嬰兒猝死症候群發生率急遽下降。美國於 1992 年開始建議不要趴睡，並於 1994 年發起「Back to Sleep」運動，同樣得到嬰兒猝死大幅減少的成果。

但是很多的爸爸媽媽或長輩即使知道以上訊息，仍然為了所謂頭型好看，持續給孩子趴睡，最常聽過的理由是：誰誰誰的小孩趴睡都沒事；或是我孩子剛出生時，在醫院都是趴睡呀。在討論這個問題之前要先了解：

> 嬰兒猝死症候群真正的發生原因，其實不明！

❶ 目前最可能的解釋是，有些嬰兒於睡夢中驚醒的神經反應不佳，所以發生窒息等事故時可能死於夢中。

❷ 另外，嬰兒於 1 個月大之後，趴著時開始會嘗試抬頭，所以可能在趴睡時抬起頭，把臉轉回正面又放下去，壓住自己的口鼻，但沒有足夠的力氣再把頭轉回側面，所以導致窒息。

❸ 冬天因為天氣冷，父母怕孩子著涼，在小孩身邊放了很多的被單、枕頭等，或是睡太軟的床，這些都有可能增加呼吸道阻塞的機會。

說明以上的狀況：

Q 我親戚的小孩趴睡都沒事，所以我也讓我的小孩趴睡？！

A 趴睡會不會出事是機率問題，發生猝死的機會比仰睡高出數倍，這就叫做明知山有虎，偏往虎山行，所以不應該去賭這個機率才是。

Q 我孩子剛出生時，在醫院護理師都給小孩趴睡呀，那趴睡應該沒事才對？！

A 為什麼在醫院時可以讓寶寶趴睡呢？那是因為：

- 住院中嬰兒的床一定是硬板床，且寶寶頸部以上只會有毛巾，不會有可能造成窒息的枕頭等物品。
- 在醫院隨時有護理師或監視器，可以 24 小時注意孩子的狀況。
- 小於 1 個月的新生兒還不太會抬頭，所以即使趴睡，也不容易因為自己重新擺位壓住口鼻。

兒科醫學會建議：
1 歲以下嬰兒每次睡眠都應該仰睡，側睡、趴睡並不安全。
簡而言之，趴睡，各位家長在家裡請勿模仿。

 **要注意的事**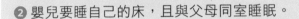

還有什麼措施，可以減少嬰兒猝死發生呢？

● 床鋪表面必須是硬的，柔軟的床面，寶寶容易陷下去，影響睡姿較危險。

● 嬰兒要睡自己的床，且與父母同室睡眠。

● 嬰兒床不可有任何鬆軟物件，包括枕頭、玩具枕具、被褥、蓋被、羊毛製品、毛毯、床單等軟的物件。

● 嬰兒不宜配戴平安符、項鍊等，如果勒到脖子可就一點都不平安了。

● 大人累了，就別抱孩子。

● 例行產前檢查，及早發現寶寶有先天上的異常，可在一出生就做好預防措施。

● 懷孕時與生產後避免接觸菸酒，酒精和菸皆會影響寶寶神經和呼吸系統，增加猝死症的機會。

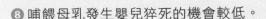

❽ 哺餵母乳發生嬰兒猝死的機會較低。

❾ 可考慮在睡眠時使用奶嘴，奶嘴不可懸掛於嬰兒頸部或附著在嬰兒衣物上。如果嬰兒拒絕奶嘴，則不應強迫，可在年齡稍大後再嘗試。哺餵母乳者可在已明確建立母乳餵食後，再開始於嬰兒睡眠時使用奶嘴，一般於 3 ～ 4 週大之後。

❿ 避免環境過熱，包括穿著太多衣物與過度包裹嬰兒。無空調設備時，宜注意通風。

⓫ 常規接種疫苗，增強免疫力，預防因感染引起的呼吸困難（例如百日咳）。

　　如果真的擔心頭型的問題，目前兒科醫學會建議可以讓孩子趴著的時機為：家長和嬰兒都醒著時，每天可在家長監督下採俯臥姿勢。

嬰幼兒心肺復甦術

小孩怎麼沒了呼吸？

如果突然發現孩子沒有呼吸、心跳到底該怎麼辦？接下來這個部分就比較嚴肅一點了，因為是有可能決定發生意外的孩子，能不能順利活下來的關鍵！

急救流程：叫叫 CAB

叫	叫	C
⬇	⬇	⬇
呼叫寶寶確認反應	打 119 叫人來幫忙	Compression 壓胸

A	B
⬇	⬇
Airway 暢通呼吸道	Breath 人工呼吸

記住這個順序，下面我們一起來練習一次。

首先，如果有目擊者看到有異物阻塞氣管（例如玩具、食物），請先使用「哈姆立克法」，盡可能將異物排出。

若排出失敗或溺水、藥物中毒和創傷所導致的呼吸、心跳停止，「叫」喚或拍打寶寶，確認寶寶無反應和心跳呼吸後，就要盡快開始幫孩子做「心肺復甦術」。

❶ 請盡快「叫」人或自己先打 119 求救。

❷ 確認環境安全適合急救。

❸「C」用力壓、快快壓、回彈再壓、盡量不要中斷。

▶ 壓胸的深度必須大於胸廓的 1/3，每分鐘的速度大於 100 下。

▶ 確定胸部完全回彈才進行下一次的壓胸。

▶ 按壓方式：

● 按壓部位約為兩乳頭中間，手勢可視體型而定。

● ＞1 歲可用單或雙手掌根按壓。

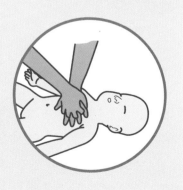

- <1 歲可用單手食指、中指或雙手環抱用拇指按壓

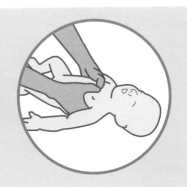

❹「A」壓額、提下巴打開呼吸道;「B」對口吹氣,通氣比率 30:2。

每按壓 30 下後,捏住鼻子對口吹氣 2 次,看胸部是否有起伏,吹氣結束繼續按壓 30 下,再給予暢通呼吸道通氣(CAB → CAB → CAB)。

❺ 進行約每兩分鐘確認一次心跳、呼吸是否恢復。

不要確認太久,若依然沒有心跳,請繼續上面步驟直到救援到達。

要注意的事

　　兒童大腦只要缺氧 5 分鐘就會錯過黃金救援時間,造成不可逆的嚴重傷害,即便最後有救回來也常常會有許多神經後遺症。因此嬰幼兒急救的關鍵在於,意外發生的當下有沒有正確的處置,請各位爸爸媽媽一定要熟記上面的流程。

燒燙傷立即處置

沖脫泡蓋送

　　這天急診室外傳來一陣淒厲的小孩哭聲，我探出頭去看，是一位阿嬤抱著孫子正在掛號櫃台，小孩的整個右手看起來紅通通帶著大大小小的水泡，而且看起來油亮亮的，於是我走過去問：「小孩怎麼了？」

「剛剛小孩太皮去拉桌巾，結果桌上的熱湯倒下來澆到他的手燙傷了。」阿嬤說。

「了解，那他的手怎麼看起來那麼油亮？」我接著問。

「我剛剛先給他塗了麻油做緊急處理。」阿嬤回答。

「好…其他的晚點再說，我們先去沖水吧。」我說。

 **常見原因**

嚴重的燒燙傷，對於皮膚造成的傷害常常是無法完全復原的，意外發生時當下立刻的判斷處理非常重要！

造成燒燙傷的常見原因有以下幾個：

- 接觸性燙傷：例如機車排氣管、熱鍋、熱鐵板

- 火焰燒傷

- 熱水或熱油

- 強鹼或強酸造成的化學灼傷

- 電擊燒傷

 **沖脫泡蓋送**

不論是以上哪一種燒燙傷，標準的處理方式就是大家耳熟能詳的「沖脫泡蓋送」

❶ 沖：**最重要的步驟**，以大量的自來冷水沖洗或泡在流動的冷水中，除了可快速降低皮膚表面熱度，也可將強酸、強鹼或熱油給洗去，減少後續傷害。

❷ 脫：充分泡濕後，將衣物小心脫去，必要時可以剪刀剪開衣服，小心不要弄破水泡。

❸ 泡：繼續泡水，可減少疼痛，穩定情緒；但年齡太小或面積過大者，不可浸泡過久，以免失溫。

❹ 蓋：用清潔乾淨的床單、布單或紗布覆蓋。勿自行在傷口塗抹牙膏、麻油、醬油、糨糊、草藥或米酒等，塗抹它們可能不僅無助於傷口的復原，還容易引起傷口感染，及影響醫護人員的判斷和緊急處理。

❺ 送：輕微小範圍的燙傷（一度或淺二度）可以自理，若傷勢較大或深度二度、三度以上，則最好轉送到設置有燙傷中心的醫院治療。

燒燙傷的深度

	外觀	深度	感覺	傷口預後
一度	紅腫	表皮層	刺痛敏感	約 1 週恢復，不留疤
淺二度	紅腫、水泡	表皮和淺真皮層	刺痛敏感	約 2 週恢復，需小心感染，可能留疤
深二度	皮膚泛白和大水泡	表皮至深真皮層	微痛不敏感	約 3 週恢復，易感染，會留疤
三度	白色或焦黑碳化皮革樣	整層皮膚甚至到達肌肉	可能完全沒感覺	需接受植皮等手術治療

要注意的事

回到一開始的小病人，這位小朋友看症狀大概是至少有二度的燙傷，當下最開始的處理很可惜沒有立刻用大量冷水沖洗，説不定嚴重度會減輕一些，因為有水泡所以感染的機會較高，後面照顧上需要特別小心。

各位爸爸媽媽記得，以後一旦遇到燒燙傷意外，不要先去塗抹什麼東西，而是要立刻用大量冷水沖洗才對。

3

嬰幼兒令人擔心的常見症狀和疾病

發燒

爸媽在家裡該怎麼做？

孩子在出生約 4 ～ 6 個月後，媽媽給寶寶的抗體消耗的差不多了，之後面對環境中的各種細菌、病毒感染源就要靠自己了！發燒就是身體在對抗這些外來微生物時，引起的免疫反應之一，提高體溫來增加免疫力，加速病原的清除。

大致上來說寶寶最容易發燒的年紀，大概是 2 ～ 5 歲幼兒園的階段，一年燒個 5 ～ 6 次以上滿常見的。但是很多爸爸媽媽一看到小孩體溫高就往急診衝，甚至一天衝個 2 ～ 3 次，其實是沒有必要的！

小孩在家裡發燒時該注意的事

> 發燒定義：中心體溫（耳溫或肛溫）大於 38℃ 以上。

❶ **新生寶寶**：因為耳道較細、較彎、分泌物多等問題，測量耳溫是不可靠的，以測量肛溫最準確，若未達 3 個月以下寶寶發燒，因為抵抗力不足，嚴重細菌感染的機會很大，請不要猶豫，立刻帶去可以做詳細檢查的醫院就醫。

❷ **較大孩童發燒**：首先請帶小病人給醫師看看確定發燒的原因，如果評估是可以在家裡服藥治療的疾病，就能照著下面的建議進行。

身體的體溫控制中心在人大腦的視丘，功能就像設定空調溫度一樣，可以決定人的體溫要幾度。

當身體受到感染發炎時，會產生許多發炎物質，刺激大腦視丘提高體溫。過程中，因為小病人為了要產熱會出現許多的不適，包含呼吸心跳加速、全身發抖、頭痛噁心想吐等。

目前體溫設定36.5C

收到!
36.5C

可以做的事

- 第一個是給予保暖，蓋厚被、暖爐、烤燈都可以。

- 第二個若病童有先天心臟肺臟或其他代謝的疾病，或是真的非常不適，則可在這時給予退燒藥，縮短發燒的時間以及最高溫度，來減輕孩子的不適。

1

感染時，發炎物質會刺激腦部把體溫設定往上調，可能從原本的 36℃，調成 40℃。

把體溫立刻升到 40℃

可是我體溫現在只有 36.5℃，沒辦法，只好趕快「產熱」了！

升溫（發冷）期

2

因為身體體溫這時比大腦設定的溫度低，所以這時候病童會「覺得冷」，為了讓體溫上升到預定溫度，會刺激心跳、呼吸、新陳代謝及肌肉發抖來產生熱能，同時手腳血管會收縮減少熱能散失（就像冬天我們手腳冰冷一樣）。

這也是發燒最不舒服的時期，我們該做的是給予保暖加溫或退燒藥，不可以使用冰枕等物理方式退燒，把好不容易產生的熱又奪走，孩子會更喘、更抖來增加體溫。

不可以做的事

以前常用的擦酒精、睡冰枕目前都已不建議
使用，把孩子努力產生的熱又奪走，孩子只好
抖得更厲害、更喘來產生更多的熱，不但加重
了不適，且酒精可能讓血管收縮之後散熱更不
容易，甚至孩子吸過量中毒，就別再用了吧。

我燒夠了，溫度
可以降回原本的
36.5℃

3
當體溫到達腦部預定溫度
後，不舒服的感覺就會減
少許多

40℃
↓
36.5℃

退燒（散熱）期

36.5℃

36.5℃

4
此時身體溫度比預定溫度高，因此病童
要開始散熱，周邊手腳血管擴張，看起
來會臉紅紅、手腳發燙、冒汗，這時我
們該做的就是：把衣物減少打開散熱，
可以用一點溫水擦澡加速散熱。

病人體溫到達預定溫度後，上述的不舒服會減少很多，看起來懶懶的是正常的，馬拉松跑完總是要休息一下的。

之後病人開始降溫，手腳發燙冒汗，這時請把孩子的衣服解開通風，多補充水分幫助排汗，溫度約 1 ～ 2 小時後會降下來。適度休息後，又是一尾活龍！

How to do

簡單來說，爸爸媽媽發現孩子發燒，可以先摸摸手腳和身體。

❶ 手冷身體熱：發冷期，請多加衣服保暖，視情況給予退燒藥。

❷ 手和身體一樣熱：退燒期，請把衣服打開通風，或溫水擦拭加速散熱（這時給予退燒藥幫助其實不大了）。

發燒不退

怎麼一直燒不停？

「昨天去診所看過，說是感冒，剛剛量到 39 度，發燒了！吃了退燒藥半小時還是沒退，我就給小孩塞了肛門塞劑，過了半小時還是 38 度，我就趕快帶來急診了！媽媽焦急的說：「可以給他打針或住院嗎？」

孩子掛著兩條鼻涕，正開心的挑著桌上的貼紙。經過適當（約莫 20 分鐘的住院攻防戰）的衛教後，媽媽終於接受帶著孩子回家休息了。

這類的事情在兒科層出不窮，家長們對藥物治療錯誤的期待，讓孩子的身體無端受到過量的藥物治療，立即產生的過敏等副作用不說，對孩子未發育完成的肝腎，可能會漸漸累積成無法回覆的傷害。

 **退燒藥物**

通常兒科藥物的給予有 4 大類方式：

❶ 口服、肛門塞劑：最常使用，藥物進入腸胃道後先溶解，之後慢慢由腸道吸收，在血液濃度慢慢提高，經血液運送到目標位置（器官）後發生作用。

優點：「比較」不會引起立即的副作用。

缺點：吸收最慢、吸收速度受到腸胃狀況影響。

❷ 肌肉注射：將藥物注射於肌肉中，慢慢擴散到血液裡。吸收速度比口服稍快。

❸ 靜脈注射：將藥物直接注射於血管內。

優點：藥物可達到最快作用效果。

缺點：危險性大，易引起立即危險的副作用。

❹ 氣管吸入：用霧氣的方式，常用在化痰或氣喘治療。

由於孩子身體器官都尚未發育完全，且對於藥物使用的「經驗」上仍然不足，你永遠不知道這針打下去，孩子會不會立刻過敏性休克，因此在兒科中最安全適當的給藥方式，仍然以口服給藥為主，必要時才考慮用肌肉或靜脈注射給藥。

藥效是減緩症狀

誠如上面所說，口服藥物效果出現，受到腸胃道吸收等因素影響，不會如大家預期的快，且各種藥物吸收的速率又不同，平均來說大部分的藥物約 1 ～ 2 小時以上，才會有效果出現。

另外，其實絕大多數的感冒藥物都是用來減緩症狀，讓孩子感覺舒服點，且對病程通常沒有影響。換句話說，如果症狀非常輕微，例如只有一點點流鼻水，就不吃藥也會自己好起來。

但若症狀明顯影響到作息，例如鼻塞到晚上無法睡覺或胃口極差，而睡不好、吃不好，免疫力會更差，可能會讓病程拖更久，這時就建議可以吃一點藥緩解症狀。

不可以做的事

若病程尚未結束，藥效過了之後則症狀可能再度出現，例如：發燒、鼻塞等，所以請不要因為無法看到「藥到病除」的效果，就給孩子瘋狂的餵藥、塞藥，或要求打針住院，這樣不僅造成孩子身體上的負擔，也在心理造成不可抹滅的傷害。

如果吃過藥 30 分鐘沒退燒，該怎麼辦？

> ### 確認孩子有沒有以下狀況

- 未滿 3 個月大嬰兒發燒
- 尿量明顯減少
- 哭泣時沒有眼淚
- 活力低下持續昏睡或意識不清
- 體溫降下來時依然燥動不安、眼神呆滯
- 痙攣、肌抽躍、肢體麻痺、感覺異常（例如麻木感）
- 持續劇烈頭痛與嘔吐
- 頸部僵硬疼痛無法自由轉頭或低頭
- 咳出的痰中有血絲
- 呼吸暫停、呼吸急促（未發燒時）、呼吸困難、吸氣時胸壁凹陷
- 心跳速度太慢、太快或心跳不規則等
- 無法做出日常活動，例如不能上樓梯、爬一下就很喘等
- 皮膚出現紫色斑紋（按壓時不會消退）
- 嘴唇、手指、腳趾出現發黑發紺現象

如果有	如果沒有
不管有沒有發燒，立刻送醫。	可以繼續觀察或去洗個溫水澡，若孩子正在玩遊戲則不需打擾。

熱性痙攣

小孩怎麼全身抽搐？

爸媽抱著孩子緊張的衝進急診室，說「她剛剛突然雙眼上吊、全身抽筋、口吐白沫像癲癇發作一樣！大概 1～2 分鐘左右就停了。看了一下病歷資料，2 歲，體溫 39.9℃，這最有可能是熱性痙攣。

 成因

顧名思義，熱性痙攣是指發高燒而引起的抽搐。

發生的年紀通常介於 6 個月到 5 歲之間，因為這個年齡層的孩子腦神經系統發育還不完全，易受到突然間上升的體溫導致神經細胞大量放電，造成類似癲癇發作的症狀，大約有 4～5% 的孩子曾經經歷過熱性痙攣。

❶ 一定合併高燒，通常是超過 39℃。常見造成熱性痙攣的疾病是玫瑰疹，因為常常燒的ㄅㄧㄤ、ㄅㄧㄤ、叫。

❷ 好發年齡層為 6 個月到 5 歲之間，超過 5 歲還有發作，則必須做更詳細檢查。

❸ 一定是全身性的發作，四肢一起痙攣，病童意識會暫時喪失，雙眼上吊、口吐白沫、嘴唇發黑。

❹ 發作時間短暫，通常至多 1 ～ 2 分鐘，很少超過 15 分鐘以上。

❺ 發作結束醒過來後完全正常，沒有任何遺留的神經症狀，例如半邊手腳無力等。

　　小孩正在抽搐的時候，看起來很危險，彷彿性命就快沒了，然而事實上並非如此！抽搐多半會自行停止，不僅沒有生命危險（即使有，機會也是非常的低），不至於對腦細胞造成傷害，因此熱性痙攣可以算是一種非常良性的臨床狀況，幾乎不會對小孩造成任何傷害與留下後遺症。

小孩抽搐該怎麼做？

「錯誤」做法

禁止塞湯匙進到嘴裡，發作時病童的牙關是咬的非常緊，不容易再度張開，所以不太可能會有所謂咬斷舌頭的事情發生，硬去撬開反而可能使牙齒折斷，或是真的給他有機會去咬到舌頭。

「正確」做法

請把孩子身體翻轉成側臥，避免分泌物去嗆到氣管。可以同時準備去醫院求診，但若是熱性痙攣的病童，通常在你踏出家門前，抽搐已經停止。

要注意的事

如果是小孩一生中第一次的抽搐，應盡快送到醫院檢查，由醫師判斷是否屬於熱性痙攣。如果已知小孩有熱性痙攣的體質，需不需要送醫就看抽搐的情況而定。

❶ 如果抽搐結束，小孩的意識很快的完全恢復過來，自然不必再送醫。

❷ 如果抽搐不止，時間太久而仍無緩和的跡象，或是抽搐雖然停止，但是意識一直沒有恢復正常，這時就必須送醫處理了。

How to do

❶ 熱性痙攣是個良性的現象，非疾病，雖然看起來很嚇人，家長請不用太過驚慌，切記發作時不要拿東西去塞病童的嘴，保持側臥，並視情況就醫即可。

❷ 等待孩童長大約 6 歲之後即不會再發生。

❸ 但若發作的情況不典型，例如只有單側抽搐等，則可能為真正的癲癇，仍須盡快就醫！

 Tips

畏寒？熱性痙攣？

有時候家長會把發燒時的畏寒發抖和熱性痙攣搞混了，白來急診好幾趟！因為它們看起來同時都有發燒＋四肢用力的狀況。

教個簡單的分辨法，如果孩子在用力的過程中可以大哭、或是能意識清醒回應你的話（例如：我不舒服），那就不是熱痙攣。上面提到，熱痙攣的特點為大發作、意識喪失。

草莓舌

舌頭一顆一顆紅腫

常常來看我門診的家長應該會發現到,當爸爸媽媽很焦急的在描述:小孩幾點幾分發燒、吃了退燒後幾點幾分退燒,之後多久又燒起來…

我的反應通常是:「嗯嗯嗯…還有呢?」(冷靜)
然後他今天早上又燒起來～然後又吃了退燒藥…
不不不～我的意思是:「除了發燒還有什麼症狀?」

説真的,小孩一年感冒發燒個 3 ～ 5 次(有的甚至 10 次)很常見,如果是一般感冒通常燒兩天左右就會結束了,其實是不要緊的,最重要的是觀察有沒有「危險的徵兆」出現!

例如這個小朋友,是一位 5 歲左右的小哥,高燒 3 天加上輕微的流鼻水,張嘴一看。除了扁桃腺紅腫化膿之外,還出現了「草莓舌」!

症狀

　　草莓舌的症狀是舌頭紅腫發炎，常有白色舌苔底，舌味蕾乳頭肥大發紅，且一顆一顆分明，看起來就像是含著一顆大草莓。

危險徵兆

　　發燒合併草莓舌，就是一個危險的徵兆，通常代表身體正發生著全身性激烈的發炎反應，需要盡快就醫接受檢查找出原因。

可能罹患的疾病

- 川崎氏症

- 猩紅熱

- 金黃葡萄球菌感染毒性休克症候群

　　這些疾病需要積極使用抗生素或免疫球蛋白治療，若延誤，傷害到心臟或腎臟等重要器官的機會就很大！

看到發燒＋草莓舌，請盡速就醫！

出血性紫斑

不痛不癢的小紅點

這是一位 2 歲半的妹妹,在來我們門診之前先經歷了將近 4 ～ 5 天的發燒,加上咳嗽、鼻涕等症狀,精神胃口都還可以,會來主要是因為媽媽發現了不對勁!

「小孩昨天開始臉上冒了一顆一顆小紅點,今天更多,連手上都有了!」媽媽說。確實疹子主要分布在臉上和兩側手臂,不癢也不痛,但顏色怪怪的,有一點偏紫紅色。

我看了一下覺得病情並不單純,拿出透明直尺往疹子用力按下去,疹子依然完好在那,完全沒有變淡或消失。

「媽媽～您可能要帶孩子去一趟醫院做詳細檢查囉,這是出血性紫斑。」我說。

按壓時,疹子顏色完全不會變淡!

成因

出血性紫斑是因為某些因素使得孩子凝血功能發生異常，造成皮下的微血管破裂，血液淤積在表皮的現象（有點像烏青）。有別於一般過敏或其他感染、發炎、玫瑰疹，或其他病毒疹造成的皮膚紅疹，紫斑通常不會癢，也不太會痛（除非太大）。

可能罹患的疾病

最常見的原因是血小板低下，可能的引爆點有很多，例如：

- 敗血症
- 自體免疫性血小板低下症
- 白血病
- 病毒感染引起血小板減少
- 藥物引起

這些疾病需要積極使用抗生素或免疫球蛋白治療，若延誤，傷害到心臟或腎臟等重要器官的機會就很大！

若爸爸媽媽發現小孩身上突然出現大量這種：壓下去完全不會消失的皮疹，建議請盡快到有「小兒血液科醫師」的醫院，做詳細檢查並接受治療！

感冒

小兒常見呼吸道感染症

「我們家寶寶昨天開始咳嗽，去診所拿過藥了，現在還是在咳，請你看看是不是怎麼了？」

「我小孩流鼻涕兩天了，吃過藥還在流都沒好！」

「小孩三天前有點咳嗽、流鼻涕，今天早上有點發燒38.1度，去診所拿過藥了，吃藥沒什麼改善，剛剛又燒起來了！」

藥到病除似乎是大家普遍的期待，但真的應該是如此嗎？

發炎反應

在我們的生活環境中,其實充滿了許許多多能造成呼吸道症狀的病毒,它們可以無害的暫時存在於門把、樓梯扶手、電燈開關、水龍頭等經常被觸摸的物體上,或大量存在於受感染的人的體液裡,甚至可以無症狀的存在於健康的人身上。

當這些病毒接觸到人的呼吸道的黏膜後,我們身體裡的免疫反應就會跟著啟動,來一起對抗外敵,這種免疫反應就稱為:「發炎反應」。

「發炎反應」會讓受感染部位周圍局部血管擴張,讓各種免疫球蛋白和白血球們,可以大量且快速的來到戰場上消滅敵人,盡快的結束這場戰爭,所以發炎反應對於感染症來說大部分是有益的

症狀

局部血管擴張會導致黏膜充血腫脹,於是造成了「紅、腫、熱、痛」等不適症狀,也就是我們常説的「感冒症狀」。

例如:

❶ **喉嚨痛**:重兵集結喉嚨,咽喉黏膜腫脹造成。

❷ **鼻塞鼻水**：重兵集結鼻腔，鼻腔黏膜腫脹、分泌物增加造成。

❸ **咳嗽有痰**：氣管內戰死的白血球們和細菌、病毒的混合物形成痰液，為了將呼吸道清乾淨引起咳嗽。

❹ **發燒**：來自腦部下視丘體溫調節中樞的關愛，體溫上升使免疫力提升。

減緩症狀

總結來說，感冒時我們身體的種種不適，其實主要是來自「身體的反擊（發炎）」，而非「病毒的攻擊」所造成。病毒沒有特效藥，大部分也沒有抗病毒藥物，等孩子產生抗體之後，症狀自然會消失（約 5～7 天）。

現在市面上呼吸道症狀治療的藥物有很多種，主要有：

❶ **退燒**：減少發燒造成的不適。

②止鼻水、鼻塞：暫時暢通鼻腔。

③鎮咳：減少咳嗽反射。

使用的目的為：「**減緩**」症狀，而非「**治療**」疾病。

 要注意的事

感冒如果有以下這些狀況，就會建議要好好**檢查 + 治療**！

- 症狀持續超過 2 週以上沒好

- 高燒不退

- 鼻水或咳嗽有濃黃綠分泌物

- 精神或胃口很差

  有這些現象通常代表狀況比較嚴重，不要輕忽。

另外還有一個常被誤會是感冒的狀況：過敏。若是鼻塞咳嗽症狀常常集中在半夜或剛起床的時候，白天狀況就好很多的話，那很可能是過敏，就要同時做環境控制才會改善。

How to do

　　家長們對藥物治療不正確的期待，常導致許多醫療資源的浪費，短時間內連續看好幾間診所或是大醫院，甚至是急診，而醫師在家長的要求（壓力）下，只好把藥越開越多種；劑量越開越重，造成孩子身體不必要的負擔。

　　而且過度的抑制症狀，也會造成免疫力下降，而導致疾病病程拉長或容易惡化。這裡有些觀念需要端正。

感冒發燒看醫生的目的應該是：

正確！ 讓醫師判斷是否為嚴重疾病、是否需要進一部檢查或特殊治療。若醫師判斷非嚴重疾病，而僅給予症狀治療，目的為：讓病人覺得「舒服一點」，等抗體產生後疾病自然痊癒。

錯誤！ 請醫師開立仙丹，藥到病除！

　　我們家小孩在 2 歲半的時候，發燒過 2 次，咳嗽打噴嚏 3 次，由於精神活動力和胃口在感冒發燒期間都不差，所以從來沒有吃過退燒藥，時間到了自己退燒就好。

　　另外，鼻涕和咳嗽等症狀治療藥物，我只會在睡前給他吃，目的是「讓他比較好睡」，畢竟不管是什麼疾病，吃飽睡好絕對是增強抵抗力的好方法，白天就是個鼻涕小鬼，不礙事。

急性鼻竇炎

黃濃綠鼻涕流不停！

「醫生，他流鼻涕兩三天了，今天早上開始變的黃黃的，是不是鼻竇炎要吃抗生素了呢？」「我的小孩今年初開始反覆鼻竇炎好幾次，已經吃了好幾輪的抗生素了。」

上面的狀況幾乎天天都在門診上演，急性鼻竇炎是小兒常見的感染症之一，但其實很多爸媽常誤以為有黃鼻涕就是「鼻竇炎」！

成因

急性鼻竇炎主要的致病菌是：肺炎鏈球菌、嗜血桿菌、卡他莫拉菌、金黃色葡萄球菌。

這些細菌在我們免疫力正常的情況下，會在鼻道內當好市民守規矩，對身體不見得會造成危害，但鼻竇炎常常在病毒感染（感冒）

後，以及過敏性鼻炎的人身上反覆的發生，為什麼會這樣呢？

首先我們來了解一下鼻竇的構造。人有四對鼻竇，平時是個有小小門口的空盪盪大房間，裡面只有空氣輔助發聲，但若感冒或是鼻子過敏時，會造成兩個大問題：

❶ 黏膜受到刺抗發炎，抵抗力下降，免疫力不足，這些不良份子就會開始大量繁殖，跟著侵入黏膜裡面。

❷ 黏膜發炎腫脹後，會把鼻竇的小門口給堵住，於是細菌佔領了鼻竇後繼續在裡面增生，鼻竇內就充滿了各種黏液、細菌和膿，也無法排出。

以上兩點就是急性鼻竇炎最常見的成因。

 症狀 ────────────────────

真正的急性鼻竇炎會有以下症狀：

❶ 持續性的黃濃綠鼻涕需超過 72 小時，尤其合併發燒。

❷ 黃濃綠鼻涕或鼻塞，加上突然出現口臭，或自己突然一直聞到怪味道。

❸ 咳嗽、鼻水本來已經快好了，突然又出現發燒、頭痛、黃濃綠鼻涕等症狀（這就是前面提到的，病毒感染後細菌趁機作亂）。

❹ 除了鼻涕、鼻塞等症狀，同時出現臉部鼻竇區域的疼痛。

要注意的事

　　單純只有黃鼻涕，不見得是鼻竇炎！其實常常在感冒快要好的最後幾天，鼻涕也會稍微黃一點點，不需要用到抗生素的，所以各位爸爸媽媽看到黃鼻涕不用太緊張，可以先觀察看看是否有以上狀況。

如何預防？

❶ **減少感冒機會**：必須勤洗手、戴口罩，感冒流行期間，避免出入人多的密閉空間或公共場所。

❷ **改善鼻子過敏症狀**：找出過敏源，並且避免例如塵蟎或香菸，配合醫師使用抗過敏藥物，均衡營養充足睡眠，還有別忘了多運動！

How to do

❶ 黃鼻涕不一定是鼻竇炎，確實觀察寶寶症狀並提供給看診醫師，可以幫助診斷，這樣才能正確使用抗生素，或減少抗生素的濫用機會。

❷ 這點很重要，有在使用過敏性鼻炎保養藥物的孩子（例如：鼻內類固醇、或口抗組織胺等），在急性鼻竇炎治療期間，除非有醫師指示，否則不要自行停藥！

膿痂疹

常挖鼻孔長出黃痂皮

　　門診來了一位 3 歲男生，主訴是：愛挖鼻孔，前天挖到流鼻血，結果今天鼻孔周圍出現一大堆黃色分泌物！嘖嘖⋯這個八成是膿痂疹啊～

　　小孩挖鼻孔造成的問題，除了流鼻血，就是容易被傳染感冒，還有這個傷口被細菌感染。

 感染源

　　這是一種常見的皮膚感染，主要感染源為金黃色葡萄球菌或化膿性鏈球菌，一般是屬於表淺的感染，可以再區分為水泡型和非水泡型。

傳染性很強！
幼稚園、學校的群體生活，容易因接觸而互相傳染，
常常一個小孩有，過幾天好朋友們通通都有。

皮膚感染後出現明顯的水泡（也可能沒有），之後病灶容易出現**黃色的痂皮**，如果沒有適當治療，會因為搔癢去抓，而讓病灶繼續擴大。

> 如果再去抓其他部位就會▶抓哪裡就長在哪裡

這些細菌平時大多無害的存在我們生活的環境或皮膚表層，但是如果衛生習慣差、熬夜、嚴重偏食營養不良等情況，讓免疫力下降後就會趁機作亂，而小孩就常常在身體出現小傷口後感染，例如本身有異位性皮膚炎、黴菌感染等，因為搔癢抓出破皮，或是小孩鼻子過敏太癢和感冒流鼻涕時，一直摩擦或挖鼻孔也會。

如何治療？

❶ 輕微可使用外用抗生素治療，嚴重時可能會用到口服的抗生素。

❷ 須配合醫師指示完成療程。

❶ 衛生習慣和生活作息養成：
增強抵抗力，減少細菌滋生。

❷ 指甲要修短：
預防抓出傷口增加感染機會。

❸ 解決搔癢的原因：
例如有鼻炎或異位性皮膚炎需好好治療。

要注意的事

　　雖然機會不高，但膿痂疹還是有機會變成嚴重的深部感染，例如蜂窩性組織炎，得住院打好幾天的抗生素才能搞定。

　　看到小孩常常這裡抓抓、鼻孔挖挖也不要輕忽，試著找出會癢的原因，並且解決才對！

中耳炎和中耳積水

耳朵痛痛不舒服

　　中耳是耳朵內的一個小空腔，有一條稱為耳咽管的管路連接到鼻咽的後側，平時是暢通無阻的，各種分泌物、細菌病毒等等可以從管路流出中耳腔，所以不容易發炎生病。

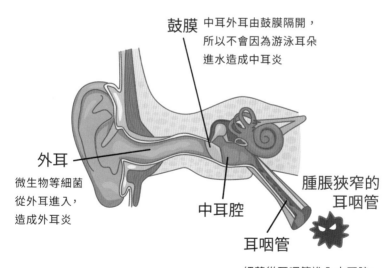

鼓膜 中耳外耳由鼓膜隔開，所以不會因為游泳耳朵進水造成中耳炎

外耳
微生物等細菌從外耳進入，造成外耳炎

中耳腔

腫脹狹窄的耳咽管

耳咽管
細菌從耳咽管進入中耳腔，加上耳咽管不通暢，造成中耳炎

129

成因

如果這條耳咽管的管路不通暢時，例如感冒、或是鼻子過敏的人，就會常常發生問題。

中耳積水 vs 急性中耳炎

這兩者最大的差別是，中耳積水只有耳咽管阻塞，還沒有發生感染發炎（或只有輕微感染）；而急性中耳炎則是耳咽管阻塞，同時合併感染，所以症狀會有所不同。

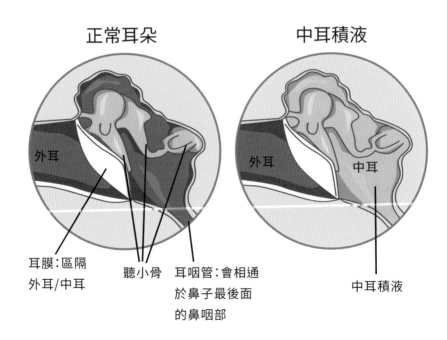

正常耳朵　　　　　　　　中耳積液

外耳　　　　中耳

耳膜：區隔外耳/中耳

聽小骨

耳咽管：會相通於鼻子最後面的鼻咽部

中耳積液

中耳積水

由於耳咽管阻塞，導致中耳裡的分泌物無法正常流出來，寶寶會感覺耳朵裡隨時有水，常常會聽不清楚，或是要大聲講話寶寶才會回應，整個就像是個重聽阿伯。

・現象

通常不會痛，寶寶可能只會告訴你：「我的耳朵不蘇糊～」、「我的耳朵怪怪的～」，或是「我的耳朵好癢」。如果寶寶還不會講話，可能會沒事一直去抓耳朵。

急性中耳炎

急性中耳炎則常發生在生病感冒大約 3 ～ 5 天後，除了耳咽管因為感染腫脹不通暢之外，同時合併有細菌或病毒「從耳咽管跑到中耳腔裡」，造成感染發炎，和洗完頭或游泳後耳朵弄濕沒有關係。

・症狀

有發燒和耳朵痛，如果是還不會說話的寶寶，就可能會用哭鬧、躁動、扯耳朵、嘔吐來表現；也有部分的孩子沒有其他症狀，就是一直發燒。

 Tips

另外有一種疾病叫做外耳炎，這是由於微生物或刺激物從外耳道進入耳朵造成，比較常發生在夏天游泳耳朵濕濕，和經常掏耳朵的人身上。治療方式和中耳炎不同。

如何診斷？

　最常用的診斷方式是用耳鏡伸進耳道去看，若有發現鼓膜呈現紅腫發炎，或是有積水，就可以開始治療。

如何預防？

❶ 哺餵母乳：將會得到來自媽媽的免疫球蛋白A，增加免疫力。

❷ 嬰兒避免躺著用奶瓶餵奶，以免ㄋㄟㄋㄟ容易流入中耳腔（親餵則不在此限）。

❸ 避免抽菸和接觸二手菸，維持健康的呼吸道功能及免疫能力。

❹ 如果鼻過敏、慢性鼻竇炎等問題，就要優先處理，以上慢性發炎狀況會讓耳咽管長期不通，先從過敏源環境整理著手可能會改善。

要注意的事

❶ 中耳炎和中耳積水常常發生在小小孩身上，症狀從嚴重的發燒、耳朵痛，到完全沒有不舒服都有可能發生，有些病人是因為其他原因看醫生意外發現。

❷ 長期中耳炎或中耳積水，可能因重聽導致學習障礙。

❸ 嚴重感染時可能會導致聽力受損，或是細菌跑到身體其他地方，造成更嚴重的問題。

How to do

多觀察寶寶是否有以下中耳積水或中耳炎的症狀：

❶ 重聽。

❷ 常常去摸或搓耳朵。

❸ 常說一直聽到水聲。

❸ 常說耳朵不舒服或是耳朵痛。

❸ 發燒了，但是沒有其他特殊症狀。

有以上狀況，建議要盡快請醫師診治

> 嬰幼兒常見上呼吸道感染症

急性扁桃腺炎

喉嚨又腫又痛，吞東西好不舒服

曾經在急診遇到一位 10 歲左右的女孩子發高燒兩天，經過檢查，雙側扁桃腺腫大，並帶有白色分泌物。

「扁桃腺腫成這樣又化膿，看來可以確定是因為扁桃腺引起的發燒不舒服了。」我說。

 成因

急性扁桃腺炎是非常常見的上呼吸道病毒感染，感染途徑主要還是靠飛沫傳播。

扁桃腺發炎可分為「細菌性」和「病毒性」：

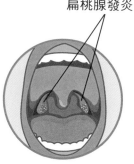

扁桃腺發炎

細菌性

通常看到扁桃腺紅腫，加上有白色化膿在上面，而沒合併其他明顯症狀的「純」扁桃腺發炎時，細菌性的機會較高，例如A型鏈球菌，需使用抗生素治療。

病毒性

除了扁桃腺腫大發炎，還有合併其他咳嗽、鼻塞、結膜炎，或是拉肚子等症狀時，病毒性的機會就高了，例如：腺病毒或 EB 病毒（親吻病），但沒有特效藥，也不需要抗生素，主要給予症狀治療，等時間自身抗體產生後自癒。

How to do

❶ 有時無法明確分辨時，醫師可能會使用腺病毒或是 A 型鏈球菌的快速篩檢來幫助診斷（但非必要）。

❷ 重點是一旦開始使用抗生素治療，請乖乖完成療程不可自行停藥。

皰疹性齒齦炎

嘴破吃東西好難受！

「我的小孩從昨天開始發燒，然後一直喊嘴巴很痛，不肯吃東西，今天早上發現他的嘴唇都流血了！」

這是典型的皰疹性齒齦炎的症狀。聽到皰疹性齒齦炎這個名稱，想必很多家長第一印象就是：「哇～是腸病毒嗎？」皰疹性齒齦炎和腸病毒的症狀很像，但其實是兩個不一樣的疾病。

人類皰疹病毒

皰疹性齒齦炎是由人類皰疹病毒感染造成的，不是腸病毒。

皰疹？！那不是大人嘴角常常長兩顆水泡，有時候不理它也會自己好的東西嗎？

是的！對於抵抗力正常的大人來說，皰疹病毒其實很少有嚴重的症狀，但是對於從來沒得過的孩子來說，就容易造成失控的局面。

 傳染方式

和腸病毒不同，皰疹病毒是以「**接觸傳染**」為主，由有皰疹病兆的大人「**直接接觸**」到小孩；或沒症狀，但身上正帶有皰疹病毒，然後去觸碰小孩。

簡單來說，小孩會得到皰疹性齒齦炎絕大多數都是被照顧的大人傳染的！因此大人回到家中，請記得一定要洗手，若有不明嘴破，疑似皰疹現象時，請盡量不要接觸或親吻小孩。

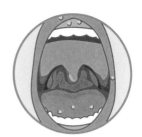

皰疹較集中在口腔前半部，齒齦、舌頭、頰邊黏膜及嘴唇。

症狀

❶ 主要症狀是發高燒、嘴巴有臭味，和多處嘴破。

❷ 和腸病毒不同，皰疹病毒感染主要是破在嘴巴前段，嘴唇、牙齦、舌頭等出現許多破洞，常常痛到吃不下東西，通常症狀會持續兩週左右。

如何治療？

❶ 治療上其實和腸病毒類似，就是預防脫水。

❷ 飲食方面百無禁忌，只要吃的下去什麼都可以吃，甜的、涼的、軟的最適合了（冰淇淋也可以！但有氣喘的寶寶要小心）。

❸ 此外，醫師也會積極的給寶寶止痛，讓進食可以更順利，但若不論怎麼嘗試，寶寶依然不肯張開嘴巴吃東西，那可能就得住院，用點滴的方式補充水分。

 病毒不會消失

　　皰疹性齒齦炎痊癒後，其實病毒不會真的消失，而是躲進身體的神經節裡面，等到將來抵抗力下降時，例如：嚴重偏食、熬夜、壓力大等，就再跑出來作亂，但再次發作通常不會那麼嚴重，以嘴邊破洞為主（也就是火氣大）。

腸病毒

怎麼有一顆顆小水泡？

天氣漸漸暖和起來了，緊接著常造成小兒高燒的流行疾病，就是讓家長們聞之色變的腸病毒了。腸病毒為一群病毒的總稱，包含小兒麻痺病毒、克沙奇病毒 A 型及 B 型、伊科病毒及腸病毒等 60 餘型，近年來又陸續發現多種型別，台灣全年都有腸病毒感染個案，以 4 到 9 月為主要流行期。

關於這個疾病，很多新手爸媽有個誤解，帶著嘔吐、腹瀉的孩子來看診時詢問：「這是腸病毒嗎？」大家常被它的名字誤導，雖然名字有個「腸」字，但只是代表主要經由腸道感染而已（呼吸道也行），但並不是以明顯的上吐下瀉等腸胃症狀來表現。

腸病毒可以引發多種疾病，其中很多是沒有症狀的感染，或只出現類似一般感冒的輕微症狀。最常引起的症狀為「手足口病」和「皰疹性咽峽炎」，造成喉嚨或口腔非常非常的痛！

手足口病

· **特徵**：發燒及身體出現小水泡，主要分布於口腔黏膜及舌頭，其次為軟顎、牙齦和嘴唇，四肢則是手掌及腳掌、手指及腳趾。
· **病程**：7 ～ 10 天。

皰疹性咽峽炎

· **特徵**：突發性發燒、嘔吐及咽峽部出現小水泡或潰瘍。
· **病程**：4 至 6 天。

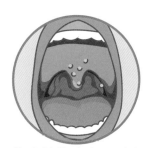

皰疹較集中在口腔後半部，軟顎後部、咽、扁桃腺。

 Tips

有時會引起較特殊且嚴重的臨床表現，包括無菌性腦膜炎、病毒性腦炎、心肌炎、肢體麻痺症候群、急性出血性結膜炎等。

怎麼處理？

腸病毒目前沒有疫苗或是特殊治療方法，和一般感冒一樣以支持性療法為主，仰賴病人自身抵抗力清除病毒。

照顧上需特別注意的地方為：

❶ 是否有脫水現象：想像一下你的咽喉佈滿了好幾顆不小心咬破嘴唇造成的白色小潰瘍，疱疹性咽峽所造成的疼痛是非常厲害的，小病人常常因為口腔疼痛，導致食物以及水分攝取不足，加上發燒增加水分的流失，所以很容易脫水。

🔍 觀察重點

排尿次數明顯減少、哭泣時沒有眼淚等。

❷ 是否有重症前兆：某些少見的情況，病毒會攻擊腦部或心臟等重要器官，所以要請家屬留意是否有以下重症前兆：

- 嗜睡、意識不清、活力不佳、手腳無力
- 肌抽躍（無故驚嚇或突然間全身肌肉收縮）
- 持續嘔吐
- 呼吸急促或心跳加快

若有以上任一症狀須立刻就醫。

🔍 觀察重點 **預防脫水 + 止痛**

如何預防脫水？

❶ 為了預防脫水，建議可以給一些比較冰涼的水或流質的食物（例如：布丁、冰淇淋，只要不是氣管敏感的孩子就可以吃冰）等，吞入冰涼的食物相較熱食比較不痛，容易下嚥。

❷ 可以視情況給予口服或外用的止痛藥，增加進食量。

❸ 以上方法無效、且病童有脫水症狀時，則可能需要由靜脈補充水分，甚至住院直到症狀改善。

How to do

❶ 「多洗手」是預防腸病毒的不二法門。

❷ 這種病毒不怕酒精，且傳染力強。若家中有孩童感染時，請用稀釋後的漂白水或特殊抗病毒清潔劑，消毒門把、扶手等常接觸的位置。

急性細支氣管炎

冬天常見喘喘急症

天氣漸冷,各種病毒開始發威,包含流感、病毒型腸胃炎等,其中嬰幼兒特有的呼吸道感染疾病:急性細支氣管炎,更是不能小覷!

症狀

呼吸道融合病毒主要經由飛沫或是手接觸病毒後觸摸口鼻傳染,潛伏期約一週。初期症狀如同普通感冒一般,鼻水、咽喉發炎、咳嗽和發燒等。疾病繼續進行,造成呼吸道阻塞後會開始出現劇烈咳嗽,呼吸急促、有喘鳴音,甚至呼吸困難的情況。

 **傳染途徑**

急性細支氣管炎主要經由大人帶著輕微症狀，藉由飛沫傳染給嬰幼兒，大人接觸嬰幼兒前務必洗手，有任何感冒症狀請乖乖戴上口罩。

呼吸道融合病毒

- 急性細支氣管炎是由呼吸道融合病毒（Respiratory Syncytial Virus, RSV）感染所引起，好發在 2 歲以下的孩童。

- 和一般常見的支氣管炎不同，這隻病毒主要侵犯細支氣管，由於細支氣管本來管徑就小，加上感染後造成細支氣管水腫、黏液痰液增加等因素，導致細支氣管發生阻塞，嚴重時也可以造成肺炎。

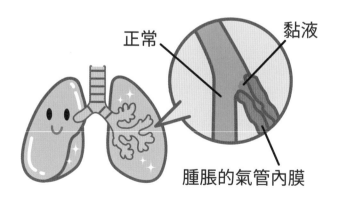

正常　黏液　腫脹的氣管內膜

認識呼吸道融合病毒 (RSV)

常見劇烈的咳嗽，咳到吐或吃不下

發燒，但不是每個孩子都會真的燒起來

常見鼻塞、打噴嚏

好發 2 歲以下兒童，年紀越小越嚴重，尤其是早產兒

最麻煩的地方是下呼吸道發炎阻塞，會出現咻咻的喘鳴聲或肋骨下凹陷

有些嚴重的孩子，會需要住院接受治療，且比例不低

要注意的事

　　由於新生幼兒肺部組織發育尚未完全，且呼吸肌肉力量也相對不足。一旦開始出現嚴重的呼吸喘和呼吸費力，有可能導致呼吸衰竭，甚至死亡。尤其是越小的嬰兒、早產兒、有先天心臟病或肺部疾病的嬰兒會更加嚴重，所以爸媽必須提高警覺。一旦孩童有出現呼吸費力的症狀，需盡快就醫接受治療。

❶ 呼吸次數明顯增加

1 歲左右的孩童熟睡時，每分鐘呼吸約 30 次上下，爸爸媽媽可以計算約 15 秒的時間呼吸幾次，然後乘以 4，即可推算每分鐘的呼吸數。

❷ 呼吸時肋骨間、肋骨下或鎖骨上凹陷（大人也適用）

胸廓外圍充滿輔助呼吸的肌肉，當費力呼吸時，這些肌肉會明顯收縮，造成各種不同程度的凹陷。

❸ 呼吸時有咻咻聲

呼吸道阻塞造成狹窄，空氣經過這些狹窄縫隙時，會出現咻咻的聲音。

❹ 鼻翼搧動

呼吸時鼻孔跟著變大變小，是費力呼吸的表現之一。

嬰幼兒型氣喘發作，也會有類似上面的症狀出現。

如何治療？

　　主要還是以症狀治療為主，常用藥物為氣管擴張劑、抗發炎藥物等，嚴重的孩子可能需要住院治療。

居家保健

❶ 水分攝取：餵食困難，加上呼吸快速容易導致脫水，建議少量多次餵食。

❷ 微濕的空氣可以稍微緩解症狀。

❸ 移除所有可能刺激氣管的東西，包含過敏原。

❹ 有明顯餵食困難或是無法入睡，通常代表症狀嚴重，請盡快帶回醫院治療！

細支氣管炎 VS 氣喘

這兩個疾病常常傻傻分不清，都是在細支氣管出了問題。

細支氣管炎

是因為病毒感染腫脹
＋分泌物阻塞。

氣喘

主要是受到刺激後，細支氣管外
面的肌肉緊縮，導致呼吸不順暢。

常用 2 歲當分界

2 歲前的咻咻聲
↓
細支氣管炎

2 歲後的咻咻聲
↓
氣喘

細支氣管炎和氣喘的診斷，常常會用 2 歲當分界，2 歲前因為寶寶氣管較細小、脆弱，容易因為病毒感染，造成細支氣管阻塞發生。

- 2 歲以上氣管比較粗硬了，理論上不容易再因為單純病毒感染造成阻塞，所以如果這時候還會有咻咻聲，通常就會歸類在氣喘體質造成的肌肉緊縮、氣管狹窄了。

但這兩個疾病其實沒那麼簡單,因為彼此可能互為因果關係,先因本身有氣喘,所以才在 2 歲內頻繁的有細支氣管炎。

- 1 ～ 2 歲內若有頻繁的細支氣管炎(通常是指一年內出現三次以上),可能其實是本身有氣喘體質,在被各種病毒感染時,都造成肌肉緊縮出現鳴喘音,因為頻繁的被病毒感染。

- 1 ～ 2 歲內被病毒多次感染,也容易誘發過敏基因表現,在 2 歲後被診斷有氣喘的機會也會提高。

How to do

要明確區分兩者不是這麼容易的,做好以下措施可減少發作的機會。

❶ 1 歲內寶寶請盡量減少被「病毒」感染的機會,避免出入人多的公共場所,但接觸自然環境無害的細菌是可以的,請多去戶外活動!

❷ 只要家族裡有過敏體質(尤其是父母)或寶寶曾經有出現過鳴喘音,這時候寧可錯殺一百也別放過一個,趕快把家中所有可能刺激過敏的東西移除!例如:塵蟎、黴菌、各種香(香菸、香水、拜拜的香、蚊香)等,可以降低氣喘發作的機會。

哮吼症

咳嗽聲音好像狗吠聲

有一種病，在孩子進到診間前就可以診斷，那就是「哮吼症」，它造成的特殊咳嗽音，只要聽過一次就不會忘。

哮吼症又稱為喉氣管炎，好發在 6 個月～ 3 歲的孩子，主要是在咽喉會厭以及聲帶附近發炎腫脹，導致呼吸道阻塞、呼吸困難。

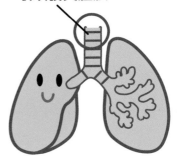

喉頭發炎腫脹

症狀

由於阻塞的位置在靠近喉頭聲帶的部位，症狀也非常有特色，典型表現為：

❶ 聲音沙啞（因為發炎部位靠近聲帶）。

❷ 特殊咳嗽聲，像狗吠、海獅吠，或有人覺得像老人家的咳嗽聲。

❸ 呼吸困難，尤其是吸氣的時候，聲音會非常大聲。

　　哮吼主要是由副流感病毒造成，大人小孩都可能感染，通常是先一般感冒症狀後，大約 4～5 天左右，因為喉頭腫脹才出現哮吼的症狀。不過，大人因為呼吸道夠粗，一般症狀較輕，可能只會突然失「聲」，但很少會喘；幼兒因為喉頭較細，呼吸困難的現象就明顯多了。

如何治療？

　　哮吼症為急症，如果有發生請盡快就醫，急診也行。

　　基本上症狀完全符合就可以診斷，其他可能的檢查有 X 光和抽血檢驗（但非必要）。

　　緊急治療方式是用蒸氣吸入黏膜收縮劑（腎上腺素），若能有明顯緩解，可改口服藥回家治療，若效果不佳可能需要住院治療。

居家照護

❶ 為了緩解喉頭腫脹，哮吼症常會用到類固醇，請一定要按時吃藥，短期使用副作用極低，不可以聽到類固醇就怕怕故意不吃，會有危險的。

❷ 用力哭鬧可能會讓喉頭腫脹更嚴重，所以這幾天孩子是大王，他要什麼都給他，請盡量安撫。

❸ 濕冷的霧氣有些幫助，如果孩子不會怕氣霧機，這時候可以用生理食鹽水製造霧氣舒緩症狀。

百日咳

機關槍式咳嗽聲

　　兩個月大的寶寶被送到急診，劇烈咳嗽加上臉部嚴重脹紅，咳嗽頻率有如連續上膛發射的機關槍，嚴重時甚至有臉色發黑、缺氧情形，家裡有人本身已咳嗽超過 1 個月一直無法痊癒，經過檢查才確定是百日咳。

成因

　　百日咳是藉由飛沫傳染的呼吸道疾病，一年四季均會發生，只要是沒有免疫力的人，大人小孩皆有可能得到百日咳，因為疫苗普遍施打的緣故，其實已經不常見了，以現在大多是不到兩個月大的嬰兒發病。

　　因成年人、青少年感染百日咳後，症狀較不明顯，一旦接觸尚未具有免疫力的嬰幼兒，就有可能傳染疾病，所以家人是嬰幼兒得病的主要來源。

症狀

初期症狀就像感冒常常被忽略，但之後常有嚴重咳嗽，進而影響呼吸與進食和睡眠。症狀可以分為三期：

- **黏膜期**（Catarrhal stage）：疾病發作不明顯，只有輕微性咳嗽。
- **陣發期**（Paroxysmalstage）：黏膜期之後 1 ～ 2 週，疾病症狀成為陣發性咳嗽，且持續 1 ～ 2 個月或更長。
- **恢復期**（Convalescent stage）：發作逐漸減少且較不嚴重，可能繼續咳嗽，2 ～ 3 週後即痊癒。

成年人感染症狀可能持續數月後有機會自然恢復，但對嬰幼兒而言，因為免疫力較差，而且呼吸道較細，一旦感染就可能造成嚴重併發症，例如肺炎、腦病變，甚至缺氧休克致死。

治療

確診後，使用紅黴素等巨分子抗生素治療，通常有不錯的效果。

預防

最佳預防方式，當然還是接種疫苗。媽媽可以在第三個孕期（27 ～ 36 週）施打百日咳疫苗，寶寶也可以在 2 個月大時開始按時接種 5 合 1 疫苗。 而家有寶寶的其他家庭成員，也可以主動接種疫苗，讓寶寶得到最好的保護力。

要注意的事

如果有莫名咳嗽超過兩週以上，建議盡快就醫檢查治療。

黴漿菌肺炎

會走路的肺炎？

　　這是在兒童中相當常見的「肺炎」感染原，在我的門診幾乎每週都會有好幾位患者因黴漿菌肺炎求診，常常一開始爸媽帶一個小朋友來，之後換成另一個小孩，最後爸媽也來求診。

 傳染途徑

　　肺炎黴漿菌是一種非典型的細菌，透過飛沫與鼻腔分泌物傳播，一年四季皆可能感染，但夏天及初秋較常見。

❶ 主要感染群眾通常是以幼兒到小學生為主，成人也會感染。

❷ 校園以及住家等密閉空間更易傳染，所以常發生前述的一人得病全家求診。

症狀

❶ 潛伏期約 1 至 4 週，常見的臨床症狀為喉嚨痛、倦怠、發燒、頭痛及長達數週，甚至數月的咳嗽。

❷ 小於 5 歲的孩童感染時發燒較少見，但可能會有喘嗚、嘔吐或腹瀉等症狀。

❸ 較嚴重的病人可能出現肺炎症狀，而需入院治療。

另外，黴漿菌可能使氣喘獲得控制的小朋友突然發作，這時只用一般過敏或氣喘療法是沒用的，要搭配治療黴漿菌的抗生素才行。

我有沒有感染黴漿菌？

或許你會想問，一般感冒也會咳嗽、發燒，要怎麼判斷呢？

❶ **一般感冒**：多是乾咳，大約 7 天就會自然康復。

❷ **常見的肺炎鏈球菌感染肺炎**：常會伴隨高燒，活力明顯低下，甚至可能咳出帶血的痰。

❸ **黴漿菌肺炎**：發燒與長期咳嗽，且經常在晚上出現咳嗽與過敏症狀，咳了一整晚都無法入眠。因此如咳嗽持續兩週以上，就要有警覺。

肺炎要怎麼走路？

黴漿菌感染者的特色是：其他肺炎通常使病患全身無力，只能臥床；但黴漿菌肺炎症狀除咳嗽與發燒外，病人的精神不受影響，還能出門上班、上課，因此有「會走路的肺炎」這個稱號，因為這項特性，患者容易將黴漿菌傳染給他人，並延誤治療。

另一個稱為「會走路的肺炎」原因是，黴漿菌會引發關節痛或頭痛等症狀，實際上黴漿菌肺炎看似嚴重，但抵抗力好的患者，會自然痊癒。也就是有些人咳個兩週就好了，但麻煩就在：可能很久都沒好！因此有症狀就該就醫，以免延誤。

如何治療？

　　檢查方式多是聽診，不過黴漿菌肺炎還有個奇特之處：聽診時以為左肺感染，但看 X 光才知是右肺發炎，相當狡猾，所以偶而會使用照 X 光輔助。另外還可以做快篩或是抽血檢測幫助診斷。

　　過去治療會開紅黴素，但近來黴漿菌已出現抗藥性的問題，普遍改採用二線抗生素，吃 3 ～ 5 天。

如何預防？

　　因肺炎黴漿菌目前沒有疫苗可預防，所以要注意個人衛生習慣。

❶ 如有呼吸道症狀（尤其是咳嗽）時須戴口罩。

❷ 咳嗽或打噴嚏時，用紙巾蓋住口鼻並立即丟棄，若無紙巾可改以上臂或手肘代替，切勿直接用手。

❸ 平時落實用肥皂勤洗手，且至少搓揉 20 秒，沒有水時，可改以乾洗手液代替。

水痘

超級癢的小水泡

一位 6 歲的小姐姐來門診，主訴是微微的發燒，加上身上長了超級癢的小水皰疹子，不只手腳、身體，連頭皮上都有，癢到一直抓抓抓，連入睡都很困難呢！這就是典型的水痘症狀，帶狀疱疹病毒。

傳染方式

飛沫、空氣傳染，或接觸到病人身上水泡破掉流出的液體。

症狀

❶ **潛伏期**：接觸到病毒後，先有潛伏期約 2 週。

❷ **前驅症狀**：先出現類似感冒症狀，例如發燒、喉嚨痛、咳嗽鼻水和頭痛等。

❸ **出紅疹**：約 3 天後開始發疹，是一塊一塊的小丘疹。

❹ **起水泡**：不久丘疹上面會出現小水泡，就像紅玫瑰花瓣上的露珠般，通常很癢。

❺ **結痂**：水泡自然會破，泡泡裡的液體流完之後會結痂。等到全身水泡都結痂了，就不具傳染力。過幾天會慢慢恢復原本的皮膚，通常不會留疤！

如何治療？

❶ 症狀治療為主，頭痛止痛、發燒退燒、皮癢止癢。

❷ 有專用抗病毒藥物，但通常不需要使用，一週內可以自行痊癒。

❸ 請盡量待在家裡，不要出去傳播病毒。

要注意的事

❶ **有打過疫苗不代表不會得，但得到通常症狀會比較輕！**
打疫苗和實際上得到一次的免疫能力差很多，通常幾年後就會漸漸失效，不像真的得到一次可能可以終生免疫。

常會在小學有一波感染潮，因此建議可以在 4 ～ 6 歲上小學前再自費施打一劑水痘疫苗，延長保護力到成年。

❷ **帶狀皰疹**
水痘痊癒後其實不會完全消失，它會躲在神經節裡等待機會，當人體免疫力下降時再趁機跑出來，用帶狀皰疹（俗稱皮蛇）的方式表現。

❸ **大人得到常常比小孩嚴重很多！**
因為大人免疫功能較強，如果是第一次碰到，會有非常激烈的免疫反應，嚴重度會高很多！

❹ 孕婦和新生兒請小心，容易有嚴重併發症！
媽媽懷孕前期和準備生產前 5 天及後
兩天若感染，會對胎兒造成嚴重傷害，
若媽媽沒有抗體，可以在計畫懷孕前 3
個月先施打疫苗。

❺ 盡量不要抓！
雖然說幾乎不會留疤，但若抓傷就可能會留疤，甚至感染！

❻ 環境消毒
酒精或稀釋後漂白水都可用於消毒，記得多洗手、戴口罩。

玫瑰疹

怎麼反覆高燒不退？

「醫生，我小孩剛滿 1 歲，這兩天一直高燒不退，吃過退燒藥才剛退，一兩個小時後就又燒起來，但好像都沒什麼其他症狀。」母親焦慮的對我說。

護理師阿姨量了一下體溫，40.2度，果然是高燒，但是這個小孩居然可以在這個時候，跟我上演滑鼠和印章爭奪戰，而且技巧相當高超，看到這情況，大概八九不離十可能是得了玫瑰疹！

成因

玫瑰疹是一種病毒感染，主要由皰疹病毒第 6 和第 7 型引起。好發在母親懷孕所給予的抵抗力消失的 6 個月大後至 2 歲之間。

❶ 小孩發燒溫度很高，39 度以上的體溫是常見的，而且用退燒藥幾乎沒辦法回到正常體溫，但是小孩的活動力及食慾幾乎不受影響，甚至有的孩子燒起來時比平常更 high。

❷ 除了高燒之外，幾乎沒有其他明顯的症狀，可能只有「非常輕微」的鼻涕、咳嗽或拉肚子。

❸ 高燒會反覆持續 3〜5 天，在高燒結束的大約 24 小時前後，身上會出現玫瑰紅似的細小斑丘疹，不需要特別用藥，約兩天自然消退。

怎麼處理？

　　這是一種病毒感染，治療上主要以症狀治療與觀察為主，沒有特效藥，等待小病人產生抗體後自然痊癒。大多數人感染後終生免疫（不會再得），但因為有兩種病毒，所以有部分人會得第二次。

要注意的事

　　這個疾病可以說是小孩肝腎的惡夢，因為這常常是小孩第一次得到的發高燒疾病，看到體溫計上的溫度，很多新手父母第一件事情就是往急診跑，即使經過檢查沒問題，判斷可能為一般病毒感染或玫瑰疹，拿了退燒藥回家後，發現吃了藥還在燒，之後就開始狂塞屁屁。

　　若還是燒不退則又跑醫院，來要求更強的退燒藥或打針抽血，或要求立刻住院等，大概可以把往後好幾年份的藥給吃完了吧，增加肝腎的負擔！

How to do

　　還是老話一句：發燒不是問題，問題是為什麼發燒？

❶ 當孩子有感染症狀時，請先尋求專業醫師的協助，只要經過檢查確認（有時沒有明顯症狀，會驗小便排除尿道感染）無嚴重細菌感染等問題。

❷ 小孩活力食慾正常，且沒有新的症狀產生，真的不需要太過驚慌。

急性腸胃炎

小孩吐的好厲害，怎麼辦？

　　嘔吐，是兒科最常見的主訴之一，最主要導致小兒嘔吐的原因就是病毒感染，可能的病原體非常多，像輪狀病毒、諾羅病毒、腺病毒等等，都可能造成小朋友嘔吐。此外，像是消化不良、腸胃道的過敏反應，也可以引起嘔吐的症狀。

　　很多家長看到小朋友嘔吐就非常擔心，立刻往急診衝，要求打點滴、打止吐藥等。其實嘔吐嚴格來說是一種身體的保護機制，藉由胃部劇烈的收縮，把胃裡的東西（病毒、細菌、太刺激的食物等）通通排出來，排空之後好好的休息幾個小時，嘔吐的症狀都會慢慢緩和痊癒。

166

怎麼處理？

別緊張，在家裡可以先處理小孩嘔吐的措施：

❶ 有些家長會在小孩嘔吐完後，因為怕他脫水，於是立刻叫他喝一大杯水！千萬不要呀～嘔吐只是把胃裡的東西給排出來而已，對血液中的水分影響不大，吐這幾次不會脫水的，所以不用立刻灌水，反而喝了水之後，其實更容易會吐。

❷ 可以嘗試讓孩子空腹 4～6 小時左右，甚至直接去好好睡一覺，即使不用任何藥物，大部分的孩子醒來後會改善。曾有人問，這麼久沒喝水不會脫水嗎？試想平時一天睡覺 7～8 個小時沒喝水，有脫水嗎？答案是不會脫水。

❸ 若嘔吐已緩解，可以從少量水開始嘗試，至少 1～2 天清淡飲食（避免油炸、高蛋白、高糖份及奶類），讓腸胃繼續休息。

病毒性腸胃炎和感冒病毒一樣沒有特效藥，也是等待身體產生抗體約 5～7 天後痊癒，期間就算症狀減輕，一樣要勤洗手，不要和他人太親密接觸，避免傳染給他人。

要注意的事

有以下情況須立刻就醫，以排除其他疾病引起的嘔吐。

❶ 嘔吐的模式

腸胃炎的嘔吐，原則上會越吐越輕微，如果嘔吐越來越嚴重，甚至有出現劇烈頭痛或抽搐時，須立刻評估是否為腦膜炎引起的嘔吐。

❷ 嘔吐的內容物

腸胃炎 食物 + 胃酸

若出現鮮血，大量咖啡色物體、綠色膽汁等，要懷疑是否有腸胃道出血或腸阻塞等狀況。

❸ 不尋常的疼痛

腸胃炎 吐光、拉光，空腹後越來越不痛

若有越來越痛，且位置固定，甚至慢慢往右下腹移動，可能為盲腸炎！

❹ 有脫水的症狀

有的孩子嘔吐的症狀較厲害，持續較久，無法進食喝水，如果發現孩子幾乎沒有小便或顏色非常深黃、哭的時候沒有眼淚等現象，則可能已開始脫水，需評估是否需要暫時先用點滴補充水分。

細菌性 vs 病毒性腸胃炎

兩種腸胃炎有什麼不同？

一位 1 歲半的寶寶因為腹瀉 5 天來就診，伴隨 38 度左右的發燒，媽媽露出擔心的表情：「醫生，她已經這樣拉肚子好幾天了，而且常常便便裡會有血絲和半透明的黏液。」

「血絲黏液？」我說，「這是細菌性腸胃炎的特色，我們把她的便便送去細菌培養看看吧。」

後來果然是沙門氏菌腸胃炎，接受治療後大約 1 週後痊癒了。

> ## 細菌性 VS 病毒性腸胃炎
>
> 腸胃炎的感染源主要分成兩大類
>
> | 病毒類 | 細菌類 |
> | --- | --- |
> | 例如常聽到的輪狀病毒、諾羅病毒等等。 | 沙門氏菌、志賀桿菌等。 |

在冬天的活動力較強,且主要是經由人傳人的方式傳染,手碰到病人的嘔吐物或排泄物後,沒洗手就拿東西往嘴裡放導致的。

> **症狀主要為:發燒、嘔吐和水瀉。**

一般很少造成嚴重的問題,只要注意是否有脫水,病程約 1 週左右可自然痊癒。幾乎每個孩子都有得過的經驗,通常不會有大問題。

在夏天活動力比較強,像沙門氏菌,是人畜共通傳染病,不只人傳人,也可以經由被動物污染的食物傳染。

常見的食物來源是：

- 生的或未煮熟的雞蛋／雞蛋製品

- 牛奶／牛奶製品

- 肉類／肉類製品

- 少數散發病例為接觸寵物而感染

> 症狀除了發燒、嘔吐和腹瀉之外，
> 常會解綠便和血絲黏液便。

也常侵入到血液中造成「敗血症」，以及併發「腦炎」、「心肌炎」等嚴重問題，一定要特別小心！

預防方式

❶ 多洗手，尤其是接觸病人前後以及吃飯前。

❷ 食物須妥善保存，務必煮熟後再食用。

❸ 避免飲用未經消毒的生乳。

❹ 適量補充益生菌，可以縮短
病程。

諾羅病毒

病毒傳染力超強！

諾羅病毒是一種非常容易引起非細菌性急性腸胃炎的病毒，流行期大約在冬季，因為傳染力非常強，只要一點點病毒就可以傳染，且沒有疫苗，也沒有終身免疫力，大人小孩都會得，所以最常發生的狀況是：今天帶一個小孩來看診，明天全家一起來！

 症狀

　噁心、嘔吐、肚子痛、發燒、脫水等，通常嘔吐、發燒持續 1～2 天，腹瀉可以持續 1～2 週。

潛伏期

1～2 天。

傳染力非常強，可以由下列方式傳染：

❶ 吃入被諾羅病毒污染的食物或飲水，例如：生食海鮮。

❷ 接觸被諾羅病毒污染的物體表面，再碰觸自己的嘴、鼻或眼睛黏膜傳染。

❸ 諾羅病毒只需極少的病毒量便可傳播，因此與病人密切接觸，或吸入病人嘔吐物及排泄物所產生的飛沫，也可能受感染。

　　總之，只要摸到被病毒沾到的東西，只要一點點，沒有洗手就拿起食物往嘴裡放就會感染！或是病人正在吐或正在拉的時候，只要吸到濺起來的飛沫也會感染！

輪狀病毒 vs 諾羅病毒

❶ **輪狀病毒**：好發在 5 歲以下幼兒，有接受過疫苗可以減少嚴重度。

❷ **諾羅病毒**：病毒基因多變性高，所以沒有疫苗，而且不論大人、小孩都有機會得到！

照顧方式

　　通常症狀是先出現嘔吐，之後嘔吐症狀 1 天左右逐漸緩解，接著開始拉肚子約 1 週。簡單可以分為嘔吐期和腹瀉期。

嘔吐期

❶ 激烈嘔吐中，請不要強迫喝水或吃東西，這個時期「喝水也會吐」是正常的，病人需要的是讓胃部好好休息，通常休息數小時後（可搭配止吐藥），嘔吐緩解後再開始少量嘗試喝水。

❷ 若沒有繼續嘔吐，就可以開始吃一些清淡的食物，例如：稀飯、土司等，之後就進入腹瀉期了。

腹瀉期

　　這裡常常會被誤解，有許多人以為有拉肚子的話就不能吃東西，其實不是，除非是一吃就狂拉的人，或是肚子會絞痛得很厲害的人，不然即使是拉肚子還是需要吃東西！而且食物部分也可以稍微添加一點點好消化的蔬菜、瘦肉等，營養素均衡才有體力對抗病毒。

牛奶和很甜的飲料或點心就不適合，
因為會更刺激腸胃，腹瀉得嚴重！

還在喝奶的嬰兒該怎麼辦呢？

母奶寶寶

請繼續餵，母奶中有許多免疫因子（包含抗體），可以幫助腸胃感染盡快恢復。

配方奶寶寶

不建議故意泡稀或泡更濃，因為都有可能會刺激腸道，如果拉得厲害，可以考慮暫時換成無乳糖奶粉。

How to do

❶ 一定要勤洗手！病毒很容易在上過廁所或嘔吐後，沾在手上摸到其他門把、電燈按鈕等地方，再被其他人摸到後吃下去而感染！

❷ 食物請煮熟後再吃！

❷ 酒精消毒沒用！請用稀釋漂白水或特殊除病毒製劑消毒！

川崎氏症

後天性心臟病兇手！

　　一位 3 歲左右的小女孩來到門診，已經高燒 4 天沒有特別的症狀，經過抽血檢查，發現發炎指數非常的高 15mg/d（正常小於 0.5mg/dl），安全起見建議先住院，並給予抗生素治療，不過發燒一樣持續，隔天開始出現雙眼紅腫、手指腫脹、草莓舌和皮膚紅疹等症狀。這是典型的川崎氏症，接著要花一段時間開始慢慢治療了。

 成因

　　川崎氏症（Kawasaki disease）是兒童常見的自體免疫疾病之一，每年發生率大約有 1000 個小朋友，位居世界第三高（前兩名分別是日本及韓國）。

發生原因目前還不明朗，被認為是具有特殊體質的孩子，受到某些病毒感染或環境藥物等刺激後，製造了一些對抗自己身體的抗體，傷害自己的身體。**好發 5 歲以下、每年 5 月比較多。**

症 狀

川崎氏症又被稱為「皮膚黏膜淋巴結症候群」，是因為這些會對抗自己的抗體，傷害了自己的血管，造成血管炎，並且出現各種特殊症狀：發燒超過 5 天（必要條件），加上以下 5 個症狀中的其中 4 個即可診斷：

❶ 口腔發炎、乾裂出血，草莓舌。

❷ 沒有分泌物的結膜炎、紅眼睛。

❸ 頸部淋巴結增大。

❹ 手腳指紅腫、之後會脫皮。

❺ 皮膚出現多型性紅疹，而台灣小孩因為有打卡介苗，可能會發現卡介苗疤痕周圍特別紅腫。

要注意的事

爸媽要熟記：雖然一般感冒發燒可觀察看情況使用退燒藥即可，不用緊張。但超過 5 天以上的發燒，一定要盡快接受檢查！

除了發燒是必要條件之外，其他症狀不一定會完全出現，但出現越多，則川崎氏症的機會越高！

病程持續發展，得到川崎氏症的孩子，有很大的機會傷害到負責供應血液給心臟的冠狀動脈，而造成心臟的傷害。

如何治療？

治療的關鍵在於：及早診斷、把握黃金治療期！

❶ 對於症狀尚未完全符合的孩子，通常會安排心臟超音波，看看冠狀動脈有沒有發炎現象，若有則可診斷並開始治療。

❷ 約發病的 5 ～ 10 天內接受免疫球蛋白治療，可以大幅降低心臟傷害的機會。

❸ 另外，會給予長期阿斯匹靈類的消炎抗凝血藥物，預防冠狀動脈血栓形成。

過敏性紫斑症

小心腎衰竭！

這是一位 8 歲大的小姊姊，主訴是肚子痛來門診。

「醫生，她早上吃完早餐，肚子就一陣一陣的痛起來了！」媽媽説。

「嗯嗯…我看看喔，檢查過後初步看起來沒有什麼大問題，我先開點腸胃藥回去，搭配清淡飲食觀察一下好嗎？」

「好～另外還有一個小問題，就是她這幾天腳發了一些疹子，而且越來越多，想順便給醫生看一下。」

「可以啊，疹子在哪裡呢？」

「疹子在腳踝，然後小腿後側一路往上到大腿屁股都有。」媽媽説。

果然拉高褲管一看！一顆一顆紫紅色，而且按壓之後不會暫時消退的疹子。嘖嘖！果然是紫斑，搭配肚子痛，幾乎已經可以診斷了：過敏性紫斑症。

「媽媽…這個疹子才是大問題，可能要帶她到大醫院去做檢查了。」

過敏性紫斑症（henochschonlein purpura〔HSP〕）是一種導致微血管發炎的自體免疫疾病，好發在 2 ～ 8 歲的孩子，男生比例高一些。

確實的發病原因還不清楚，可能跟先前病毒感染或藥物接觸有關，但也有像這位小朋友都沒怎樣就突然發病的。

症狀

主要有三個：

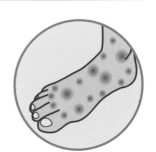

- **皮膚紫斑**（100%）
  和重力有關，集中在下肢和臀部。

- **腹痛**（50%）

- **關節疼痛**（75%）

需要小心的是有 25 ～ 50% 的孩子會有腎臟發炎，其中的 3 ～ 4% 會有腎功能衰竭，所以需要追蹤腎功能。

如何診斷？

❶ 基本上只要出現典型的皮膚紫斑＋腹痛或關節痛其中之一，就可以診斷。抽血檢驗，可以幫助排除其他疾病造成的紫斑。

❷ 和出血性紫斑不同，HSP 通常血小板不會下降。另外，有 50% 的孩子會有 IgA（免疫球蛋白 A）的上升。

支持性療法為主。

❶ **止痛**：Acetaminophen（普拿疼）。

❷ **類固醇**：減輕關節炎和腹部疼痛，也可改善腎臟侵犯。

❸ **免疫抑制劑**：合併類固醇，用於腎臟嚴重侵犯。

在支持性療法下，通常 3 ～ 4 週自行緩解，但有腎臟侵犯的孩子，必須密集追蹤治療，預防嚴重腎臟衰竭！

這是兒科常見的風濕病之一，雖然大多會自然痊癒，預後良好，但有少數情況會造成腎臟嚴重傷害（腎衰竭），所以不可以輕忽，必須持續追蹤。

提醒爸爸媽媽，如果發現孩子下肢出現按壓後不會消失的疹子，請盡快帶給小兒過敏免疫科或是小兒血液科醫師檢查！

小兒夏天常見疾病

隨著四季變化，流行於孩子身上的疾病也不太相同，

進入炎炎夏日，夏天有哪些常見的疾病呢？

▼ ▼ ▼ ▼ ▼ ▼ ▼ ▼ ▼ ▼ ▼ ▼

細菌性腸胃炎

　　和好發於冬天的腸胃型感冒（或病毒型腸胃炎）不同，病原體為細菌，例如沙門氏菌、志賀桿菌或金黃色葡萄球菌，主要是因為食物沒有妥善保存或被細菌汙染後，吃下肚子造成感染。

- 症狀：

  發燒、吐、腹瀉，比較特別的是細菌性腸胃炎的腹瀉，更常伴隨有血絲或黏液在糞便裡面，且細菌有機會跑到血液中造成更嚴重的敗血症，要小心！

- 治療方式：症狀治療、補充水分，有需要時使用抗生素或益生菌。

- 預防方式：

  1. 多洗手，尤其是接觸病人前後，以及吃飯前。

  2. 食物須妥善保存，務必煮熟後再食用。

  3. 避免飲用未經消毒的生乳。

腸病毒

接著要認識的就是人人聞之色變的病毒了,好發於炎熱的氣候。

- **常見症狀:**
  發燒、口腔潰瘍、手足出現小水泡,常常因為嚴重影響寶寶進食,導致脫水住院。另外,也可能有造成神經心臟受傷的重症發生,所以實在是不可不慎重!
- **一旦感染需居家隔離 7 天才可以解禁。**
- **治療方式:**沒有特效藥,症狀治療為主。
- **預防方式:**流行期間多洗手,減少出入公共場所的機會。

血管性水腫

血管性水腫是蚊子叮咬造成的問題 ,這是一種比較嚴重的過敏反應,常發生在兒童身上。

- **症狀:**
  紅、腫、痛、有時會有水泡,雖然腫的跟饅頭一樣,但不會發燒。
- **治療方式:**抗過敏藥物為主。
- **預防方式:**不要被蚊子叮到就沒事了。
- **特別提醒:**被蚊蟲叮到後也要避免一直搔抓,抓破傷口也是非常容易造成皮膚感染發炎!

黴菌感染

　　悶熱潮濕的天氣最適合黴菌滋生了，在嬰兒最常發生於皮膚夾縫處，例如脖子，或是被尿布長時間悶住的鼠蹊部。在大人或大孩子最常發生的地方，就是被鞋子悶住的腳，也就是俗稱的香港腳。

- **症狀**：癢癢癢，因為太癢了可能會影響睡眠、進食狀況，且若有抓傷的情況，很容易造成更嚴重的細菌感染。
- **治療方式**：輕微狀況使用正確的黴菌藥膏完成療程，通常可以痊癒。
- **預防方式**：減少悶熱流汗的情況，保持良好通風，並更換潮濕的尿布、衣物或鞋子，可以減少黴菌孳生。

日本腦炎、登革熱

　　蚊子叮咬造成病毒傳播：日本腦炎、登革熱等。

- **預防方式**：
    1. 施打日本腦炎疫苗
    2. 防蚊措施要做好
- 黃昏與黎明是病媒蚊吸血高峰時段，請在家裡躲好。

- 避免到豬圈或有飼養家畜的地方活動。

- 如果要去蚊蟲多的地方，應穿著淺色長袖衣褲。

- 使用衛福部核可的防蚊藥劑，含 DEET 或 Picaridin 的效果最好，正確使用下安全性高，噴灑於露出的皮膚即可！

毛囊炎、蜂窩性組織炎

　　悶熱潮濕的環境，容易阻塞毛孔滋生細菌，造成毛囊發炎，也可能惡化成蜂窩性組織炎。另外，皮膚如果有傷口的話，細菌也容易跑進去造成感染發炎，哪些狀況容易有傷口呢？穿著短褲短袖跑跑跳跳，碰撞擦傷；黴菌感染或異位性皮膚炎悶熱發作，因為癢而抓出傷口。

- **症狀**：皮膚紅腫、疼痛，發燒。

- **治療方式**：抗生素為主。

- **預防方式：注意皮膚清潔**。有傷口需清潔消毒、有黴菌感染需接受完整治療；異位性皮膚炎體質請避免流汗，並且做好皮膚保濕保養，還有**不要抓**！

熱衰竭

- **特徵**：體溫不高，皮膚超濕。
- **原因**：在高溫的環境下，大量流汗導致水分和電解質流失，造成體內電解質失衡。
- **症狀**：體溫通常還是正常或是略高一點，伴隨噁心、頭暈、四肢無力、皮膚蒼白和抽筋。
- **危險性**：較低
- **處理方式**：盡快補充水分和電解質（例如電解水或運動飲料），通常有機會很快恢復正常。

中暑

- **特徵**：體溫高、皮膚乾。
- **原因**：在高溫的環境下，但因為體溫調節能力或排汗能力不佳或失常，導致體溫直直上升，常常超過 39.5 度以上，甚至 42 度以上，好發在嬰幼兒、老人、慢性病患或酗酒者。
- **症狀**：體溫極高、頭痛昏迷、心悸、呼吸急促、胸悶、血壓下降、皮膚乾燥，有致死可能。
- **危險性**：體溫越高，致死率越高。
- **處理方式**：盡快把病人移到陰涼處，脫掉衣物或用濕冷毛巾散熱降溫，適度補充水分，若狀況沒有好轉或意識不清，請盡快送醫治療。

熱衰竭、中暑是夏天常見的兩個「熱傷害」，但症狀和危險性卻差很多！務必小心注意！

4

癢癢癢、咳咳咳，
過敏真難受

過敏進行曲

過敏不是病，發作起來眞要命！

4 歲小男孩，因為連續劇烈咳嗽 3 天，半夜咳到吐，完全無法入睡來求診，小朋友看起呼吸相當費力，聽診器放上去一聽，哇…咻咻咻的鳴喘音此起彼落，於是我跟媽媽說：「小朋友現在是氣喘發作，等等要先立刻用氣管擴張劑治療，之後得要配合做氣管保養才行！」

媽媽說：「氣喘？他以前從來都沒有過啊（震驚）！

過敏發作部位

是的，大部分的氣喘寶寶，都是在 3 ～ 5 歲左右才第一次真正的發作，但其實在他第一次發作之前是有跡可循的。請看下圖：

典型過敏疾病進展

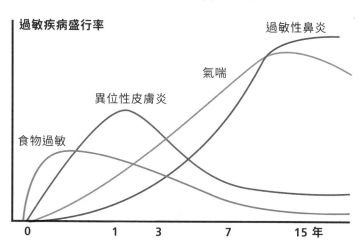

過敏症狀發作的部位，根據不同的年齡有不一樣的表現。新生兒期因為腸道和皮膚發育還不成熟，非常敏感，容易會被食物、或是直接接觸到的過敏物質直接誘發。

腸胃道過敏

● 好發於出生～ 4 個月內

● 症狀：嘔吐、腹脹、腹瀉、吐血、血便、營養不良、皮膚紅疹等。

● 常見致敏物

・牛奶蛋白（配方奶），或是各種蛋白質食物。

・大部分寶寶 4 個月大之後，腸胃比較成熟了，上面的症狀就不常出現。

皮膚過敏

- 通常 3 個月大左右開始出現。

- **症狀**：皮膚乾燥、癢、紅疹，嬰兒期最常發生在容易摩擦到的地方，例如臉、手肘和膝蓋附近。

- **常見致敏物**：過敏食物蛋白、塵蟎或清潔劑衣物殘留。

- 大部分寶寶在 1 歲半～ 2 歲左右，皮膚發育成熟也會改善許多。

皮膚和腸胃道的過敏長大一些成熟後，通常就會慢慢改善（請看紅色和綠色的曲線，2 歲後急速下滑，即使過敏預防做的不是很確實），很多家長以為皮膚變漂亮了，就代表過敏好了？！

這是個美麗的誤會，皮膚雖然好很多了，但是如果持續被過敏原刺激，接下來的過敏疾病就是下面兩個。

鼻、眼結膜過敏

- 通常 2 歲左右開始出現，過敏反應持續累積，越大越明顯。

- **症狀**：鼻水共共流、眼睛眨不停、半夜鼻塞打呼等。

氣喘

- 通常 2 歲左右開始出現，過敏反應持續累積，長越大越明顯。

- **初期症狀**：常常是有痰的慢性咳嗽，一感冒就咳 2 週起跳，而且半夜或清晨會咳的比白天厲害很多，因為還不太嚴重，所以常常被忽略。

- **後期症狀**：慢性咳嗽持續一段時間，氣管因為長期慢性發炎變的越來越細，之後只要一受到刺激（感冒、冷、過敏原接觸）

就會縮起來，導致呼吸不順喘喘喘。這時候就是大家所認知的氣喘了，但其實在他第一次喘起來之後，往往已經小發作好一陣子而沒有被注意到。

❶ 過敏是一種漸進式的疾病，隨著身體發育，還有過敏原接觸，才一項一項出現的！

❷ 嬰兒期如果有發現皮膚或食物過敏的寶寶，將來有氣喘或過敏性鼻炎的機會其實是非常高的，請一定要小心留意，提早開始做預防！

❸ 另外若寶寶有出現反覆夜間咳嗽，而且常常超過兩週以上，也要小心可能是氣喘的前兆！

過敏？感冒？

傻傻分不清楚

　　我的小孩從上個月開始感冒咳嗽，診所也看了好幾次，已經整整一個月了都沒有好。我每天早上一起床就會開始狂打噴嚏、流鼻水，到中午左右症狀通常會好一點，但是到了半夜又會變嚴重，尤其是在冬天的時候。

　　如果您或您的小孩有以上的症狀。那麼可能就是過敏兒之一。過敏不等於感冒，一個過敏症如果只用感冒的方式治療，那麼效果當然就可想而知了。

 成因

　　過敏指的是因為體質的關係，導致身體對於外來的物質，也就是所謂的過敏原，產生一連串慢性的發炎反應。這樣的體質和遺傳有關，當不斷的接觸環境中的過敏原，發炎反應也逐漸累積加重，等嚴重到出現症狀時，就是我們所熟悉的過敏疾病了。

過敏可以發生在身體的各個不同部位，在鼻子就叫做過敏性鼻炎、在氣管叫做過敏性氣管炎或氣喘、在皮膚發生就叫做異位性皮膚炎。根據統計：由於生活型態的改變，環境中的過敏原越來越多，國小學童過敏性鼻炎的盛行率在民國 83 年已經增加到 33.3％，到民國 91 年更高達 50％。

如何分辨？

然而過敏性鼻炎或氣喘的症狀，和感冒非常的相似，一樣會有咳嗽、流鼻水、鼻塞、打噴嚏等症狀，乍看之下很難分辨。

如何簡單分辨感冒和過敏症的不同呢？

❶ 癢過敏症
常會導致鼻子、眼睛癢，所以病人會有習慣性揉鼻子、眼睛，或是眨眼的動作。
· 感冒：少有

❷ 特殊面相過敏症
因為常常揉鼻子，所以鼻樑上緣常會出現橫紋。因為鼻腔慢性發炎充血，所以下眼瞼和鼻子周圍，會出現怎麼睡飽也不會消失的黑眼圈。
· 感冒：少有

❸ 症狀：兩個都常有咳嗽、鼻涕、打噴嚏等症狀。

· **過敏症**：容易有痰。

· **感冒**：乾咳多，容易伴隨全身無力、發燒、喉嚨痛等症狀。

❹ **症狀好發時間**

· **過敏症**：清晨、接觸過敏原後（灰塵、二手菸）、溫差大、運動後。

· **感冒**：白天症狀都差不多，可能溫差大或季節交換的時期比較容易產生。

❺ **症狀持續時間**

· **過敏症**：兩週以上，甚至一個月。

· **感冒**：通常不超過一週。

　　過敏和感冒的治療方式是截然不同的，過敏除了要用抗過敏、抗發炎的藥物治療之外，更重要的是需要避免環境中過敏原的接觸。

　　如果發現孩子有「長達數週，且難以治癒的感冒」時，應該轉向小兒風濕免疫專科醫師，做進一步的檢查和治療。

氣喘

天氣轉涼，久咳不癒？

　　隨著台灣環境的改變，空氣汙染、二手菸、人口擁擠，室內塵蟎、貓狗毛、黴菌等過敏原增加，造成過敏疾病發生率直線上升！

慢性過敏性發炎反應

　　近年來醫學界已經了解遺傳性過敏病，基本上是一種與多重基因遺傳有關的慢性過敏性發炎反應。這個反應發生在皮膚，我們稱為異位性皮膚炎；發生在鼻腔稱為過敏性鼻炎；而發生在氣管就是我們俗稱的氣喘，當中又以氣喘最容易造成嚴重的併發症，甚至死亡。

　　氣喘又名過敏性氣管炎，也就是氣管過敏的意思。

❶ 是一種氣道慢性發炎反應，導致小氣管收縮，且分泌黏液阻塞氣管，常在 2 ～ 5 歲之間第一次發病。

❷ 一開始發作通常不會真的喘起來，而是以長期慢性咳嗽（咳嗽兩週以上）來表現，所以很容易被忽略。

❸ 隨著時間過去，過敏反應持續累積，症狀才越來越典型，後期（發病數月或數年後）才會出現典型的陣發性呼吸困難、胸悶、喘鳴聲、呼吸急促等。

為什麼氣喘會導致呼吸困難？

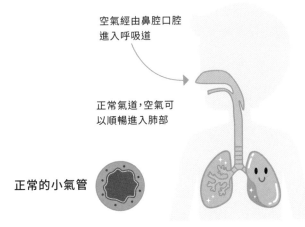

空氣經由鼻腔口腔進入呼吸道

正常氣道，空氣可以順暢進入肺部

氣喘的氣道因為肌肉收縮、黏液增加，導致空氣不易進入肺部

正常的小氣管

因氣喘發作發炎阻塞的小氣管

反覆的發作，會對肺部造成不可回復的永久性傷害。此外，氣喘患者正常抵抗力會下降，容易受到各種微生物，例如肺炎鏈球菌的感染，造成反覆肺炎，越晚開始治療，將來完全恢復正常的機會也就越低。因此，盡早診斷，並接受治療是非常重要的。

氣喘自我評估

是	否	氣喘疑似症狀
		感冒時，咳嗽常會持續 10 天以上
		咳嗽常伴有痰聲
		感冒時，半夜或清晨咳嗽較白天明顯嚴重
		運動後曾發生咳嗽或喘鳴
		常感胸悶不適
		曾在使用過氣管擴張劑後，咳嗽或呼吸急促緩解
		曾在進入冷氣房時，突然出現呼吸急促或劇烈咳嗽

若「是」的選項超過兩個以上，代表你很有可能為氣喘患者。

天冷如何預防氣喘？

根據研究，當室內室外溫差超過 7 度以上，常常會導致氣喘發作！那麼天氣太冷時該怎麼做呢？

❶ 做好保暖工作

外出時請記得配戴口罩、圍巾、外套等。但若是好久沒洗，或是拍一下就棉絮滿天飛的衣物就不必了，先拿去洗洗再用吧！免得本來沒事，吸到灰塵反而喘起來。

❷ 請避免戶外運動

運動中吸入大量乾冷空氣，容易導致氣喘發作！改做室內的運動，運動前須至少做 10 分鐘以上的暖身操。請盡量結伴運動，且隨身攜帶急救藥物，才可應付突然的發作。

❸ 配合醫囑

規律使用氣喘保養藥物，並定期回診檢查，不可以自行停藥，若有任何突發不適症狀，請盡快回診！

❹ 避免其他室內化學刺激物

天氣冷自然門窗緊閉，室內各種刺激物的濃度相對較高，這段期間內請減少製造，例如香水（洗香香就好）、殺蟲劑（改用物理性攻擊手段）、油煙（少放點油、記得開抽油煙機）、香菸（勿在室內抽）等。

　　過敏氣喘的控制首重過敏原的避免，以及控制型藥物的使用，建議可以到過敏免疫門診進行詳細過敏體質檢查，配合醫師的指示接受治療，使氣喘得到良好的控制。

過敏氣喘藥物

要用一輩子嗎？

「小朋友應該是確定有氣喘的狀況，所以可能會需要使用吸入型類固醇，還有這個睡前吃的抗組織胺。」我說。

「嗯嗯，好。」媽媽面有難色的回答。

「媽媽您看起來好像有點為難，怎麼了嗎？」我說。

「嗯…我在想是不是可以不要用，因為有聽說這個藥用下去就是一輩子不能停了。」媽媽說到這都快哭了。

這真的是天大的誤會，想跟大家澄清一下關於過敏氣喘預防性用藥的誤解。

> **常見誤解 1：只要乖乖用，過敏氣喘就會痊癒了？**

> **常見誤解 2：一旦用上就要用一輩子？**

上面兩個都是不對的觀念。一般常用的過敏預防型用藥，包含長效型抗組織胺、吸入型類固醇、鼻用類固醇噴劑、或欣流等等藥物，嚴格來説不是用來「治療」過敏，因為過敏是「後天環境過敏原刺激」+「先天過敏體質」造成的，放任過敏不理，每天接觸大量過敏原刺激物，會讓症狀越來越厲害，且越來越難治療。

Q 只要乖乖用，過敏氣喘就會痊癒了？

A 吃或吸這些藥並不會治療或改變體質，而是用來減緩現階段的症狀，或降低敏感度，讓過敏比較不會發作。

再説簡單一點，這些藥物是用來爭取時間的，爭取什麼時間？就是改善「後天環境」和「個人體質」的時間。

在服藥期間該做的事

• 環境改善

❶ 除蟎、除黴一定要做確實。

❷ 避免接觸香菸、香水。

❸ 家中建議擺放空氣清淨機。

❹ 室內沒人的時候除濕。

• 體質改善

❶ 減肥：已經發現過敏和肥胖有相關性，有些病人甚至減肥後，過敏就好很多了呢！

❷ 不熬夜：熬夜晚睡會對身體造成壓力，導致免疫失調。

❸ 多運動：游泳是過敏氣喘兒最棒的運動，建議選擇通風良好或半開放的泳池，避免氯氣刺激。另外，在運動前請記得做暖身操和多補充水分。

❹ 健康飲食：避免油炸等西式飲食，多攝取蔬果等天然原型食物。

❺ 考慮補充營養品：攝取深海魚油，或是優酪乳、益生菌產品來調整體質。

Q 一旦用上就要用一輩子？

A 除了少部分非常嚴重敏感的個案，必須持續使用很長一段時間之外，當環境跟體質改善後，隨著時間過去，過敏的嚴重度通常也會慢慢下降，就可以準備減藥或停藥，所以並不是用了就要用一輩子！

過敏性鼻炎

鼻塞，鼻水流不停！

　　你的孩子有不論睡再久都不會消失的黑眼圈嗎？每天早上起床第一件事情，就是用衛生紙包一大盤水餃嗎？睡覺時總是覺得鼻塞、每天半夜都得張嘴呼吸嗎？那你的寶寶可能是有過敏性鼻炎！

　　過敏性鼻炎是目前台灣兒童最最常見的過敏性疾病，在2008年小學六年級生的統計中，發現有過敏性鼻炎的人數居然超過50％，而且還再繼續增加中！

　　台灣地區的過敏性鼻炎，通常是整年性的發作，刺激物最常見為塵蟎、空氣汙染物等，和歐美國家常常是花季發作有所不同。

症狀

過敏性鼻炎最主要的症狀為：

❶ 連續噴嚏

❷ 鼻水一直流

❸ 鼻塞

❹ 眼睛也跟著又癢又紅

 後遺症

「就只是癢癢的而已，不理它也不會怎樣吧？」No～事情沒有那麼簡單！過敏性鼻炎可以導致很多的後遺症：

❶ 睡眠不足
　常常在半夜發生鼻塞、張口呼吸、打呼而中斷睡眠，睡不飽的孩子除了白天沒精神之外，還可能會影響生長激素分泌，長不高！

❷ 嗅覺失靈
　聞不到味道會影響食慾，營養攝取不均衡也會對發育造成影響！

❸ 抵抗力下降容易反覆中耳炎、鼻竇炎

④ 注意力無法集中

常常會因為嚴重的鼻塞、鼻水分心，甚至會出現頻繁的頭暈、頭痛，嚴重影響課業！

⑤ 咬合不正

是的，沒想到鼻子過敏，居然會影響牙齒發育！長期張嘴呼吸，會讓牙齒缺乏支撐，開始亂長！

⑥ 造成氣喘控制不佳

同時有氣喘的寶寶，若鼻子處於不穩定的狀態，也容易誘發氣喘發作！

過敏性鼻炎是目前台灣兒童最常見的過敏性疾病，可以造成多種併發症，置之不理對小孩的身體可以導致各種不良影響，例如：學習力下降、影響發育、牙齒歪歪、常常生病、鼻竇炎、中耳炎等。

過敏性鼻炎用適當預防加上治療，是可以良好控制的！

如何改善？

❶ 首要任務就是要改善環境

減少過敏源的接觸（關於塵蟎控制可以詳見 P.216），也可以考慮做過敏原檢查，找出是否對其他東西有過敏，同時做預防！

❷ 配合醫師使用藥物治療

目前常用的藥物為第二代長效抗組織胺和鼻內類固醇噴劑，這類藥物對於身體的副作用極低，只要正確使用，不容易出現嚴重副作用。

請勿自行停藥（同時配合生理食鹽水鼻腔沖洗，效果更佳）。

❸ 手術治療

若是內科療法無效，可以考慮用手術治療。

❹ 益生菌、魚油等營養品

可以試試看，但是若環境沒有控制的情況下，通常是沒有明顯幫助的。

PLUS+
鼻內類固醇 Q&A 大解答

▼ ▼ ▼ ▼ ▼ ▼ ▼ ▼ ▼ ▼ ▼ ▼ ▼

過敏性鼻炎的治療中,除了環境改善之外,藥物也是非常重要的,目前常用的兩種藥物分別是「口服抗組織胺」和「鼻內類固醇噴劑」這兩類;其中目前台灣常用的鼻內類固醇噴劑有以下這兩個牌子:

　「內舒拿」和「艾敏釋」,兩者對於過敏性鼻炎都有很好的控制效果。但是台灣有很大一部分的人,對類固醇有很大的誤會,一聽到這個藥物有類固醇就立馬丟掉不敢用!

Q 這個鼻噴劑有含類固醇嗎?

A 有 ➜ 類固醇有很多類型,這是其中一種,做成外用劑型,直接噴灑在鼻黏膜上治療過敏症狀。

Q 這個醫生開有類固醇的藥給我,是不是很壞?

A 錯 ➜ 過敏性鼻炎目前最有效、副作用也極低的治療方式,就是鼻內類固醇噴劑了,幫你診斷出有過敏性鼻炎,又給你最好的治療的人,怎麼會很壞呢?

Q 我有不舒服的時候才拿來用可以嗎？

A 平時就要用！這個藥物偏向預防鼻子過敏發作或稱保養用藥，使用後約 12 小時才會有「感」，鼻子敏感的人平常就可以規律使用。

Q 這個噴劑會不會有副作用？

A 少數人會有，這個藥物主要作用在鼻子裡面，所以有的人會有鼻子刺痛或流鼻血的局部症狀，停藥即可改善；因為只有極少部分會進入血液，所以全身性的副作用除非拿來亂噴，不然幾乎不會有。

Q 電視廣告某些廠牌的藥物噴劑好像很厲害，又不含類固醇，我改用那個保養可以嗎？

A 錯 → 市面上的鼻內藥物噴劑是鼻黏膜收縮劑，效果超快，但長期使用下，效果會越來越差，而且停藥後會有反彈性（藥物性）鼻炎！

Q 這個藥物一旦開始使用，是不是就要用一輩子？

A 錯 → 控制良好可減藥。

Q 感冒生病時是不是要停用？

A 過敏性鼻炎患者在感冒或鼻竇炎時，過敏症狀會更嚴重，讓感染的部份更難治療，持續使用鼻噴劑是好的，不要自己停藥！

異位性皮膚炎

紅疹伴隨越來越癢

　　炎炎夏日，家裡小寶貝是否常常一流汗，就出現一點一點的紅疹伴隨癢癢的症狀，抓一抓之後紅疹越來越大片，且越來越癢？如果有的話，那麼您的寶貝可能有異位性皮膚炎！

成因

　　異位性皮膚炎其實就是皮膚過敏的意思，它主要發生在嬰兒期和幼兒期。45% 的異位性皮膚炎發生於嬰兒出生後前 6 個月內，60% 發生於出生後 1 年之內，85% 的病人發生於 5 歲以前。異位性皮膚炎的發作主要有兩個因素：

❶ **遺傳因素**
父母若有過敏體質，尤其是母親有過敏體質，則嬰兒發生異位性皮膚炎的機會大增。

❷ **皮膚障壁層功能失調**

自然保濕因子的濃度降低：皮膚經常呈現乾乾、粗粗，這個狀態的皮膚非常敏感，且刺激物容易穿透皮膚表層，所以易受到外界刺激出現紅腫癢的狀態。

抗菌防禦力下降：皮膚經常會孳生各種細菌、黴菌等微生物，癢癢抓破皮之後，這些微生物非常容易從傷口跑進血管裡造成嚴重感染。

如何診斷？

主要是靠症狀表現來診斷，只要符合以下任三種，則極有可能為異位性皮膚炎！

❶ 皮膚搔癢。

❷ **典型的皮疹型態與分布：**
嬰幼兒期在臉上與伸展側出現濕疹、成人時期則轉變位置到彎屈側形成苔蘚化（非常厚的角質）的濕疹。

嬰兒型異位性皮膚炎：
好發臉頰、膝蓋或手肘

❸ **慢性反覆性的皮膚炎。**

❹ 個人或家族有過敏性鼻炎、氣喘或異位性皮膚炎等病史。

如何預防？

在家裡可以做哪些預防或改善孩子的異位性皮膚炎？

❶ **最最重要的就是皮膚保溼保養！**乾燥粗糙的皮膚，等於孔洞大開，做了保濕修復的皮膚，才有能力去隔絕刺激物進入皮膚內。

- 建議淋浴洗完澡 3 分鐘內（慢性化乾燥皮膚病變較顯著的病人，可接受盆浴 10 ～ 15 分鐘）。在病人未乾的病變皮膚上就要使用保濕（請挑選敏感肌或異膚專用的）的潤膚霜或乳液。

- 平日衣服、褲子穿著（包括手套）的原則，以質輕可透氣的棉布材質布料為主，避免粗糙、牛仔布或毛料的材質。

- 需剪短指甲、避免於高溫潮濕的環境下運動或工作。
- 病人在游泳或運動流汗後，須以清水沖洗乾淨，趁皮膚上的水份尚未乾時，馬上進行皮膚保濕保養。

❷ 從懷孕開始，就去除環境中化學刺激物與過敏原等有害因素，來預防或減少高危險群過敏兒過敏病的發生。

- 除非曾經吃過而有過敏反應，否則哺乳婦女「不須避免」食用高過敏原食物。

- 當不能餵食母奶時，須使用適度水解蛋白嬰兒奶粉餵食。可補充益生菌與 ω-3 多元不飽和脂肪酸（魚油）。

- 4 ～ 6 個月開始添加副食品。

- 減少塵蟎、蟑螂、黴菌、貓狗等有毛寵物，與空氣污染物（包括懸浮微粒、化學刺激物和香煙）的接觸。

對抗異位性皮膚炎 3 步驟

1 先保溼 ＞ **2** 減少過敏原接觸 ＞ **3** 如果還是反覆出現，一定要去給過敏科醫師診治

How to do

❶ 異位性皮膚炎的病人若能夠與過敏免疫專科醫師配合,能早期診斷,學習正確地避免會誘發,或加重其過敏性炎症反應的過敏原或刺激物,並接受適當抗過敏性發炎治療,則病人將有機會恢復到接近正常的皮膚器官功能,過著與正常人相同的日常生活。

❷ 反之,若異位性皮膚炎的病人即使只有遺傳到輕微的過敏基因缺陷,但沒有避免上述的預後危險因子,有症狀後也沒有與過敏免疫專科醫師配合接受適當處置,則因病人會持續存在反覆皮膚發炎,沒有完全修護,以致會造成長期不可逆的皮膚傷害,所以早期預防是非常重要!

異膚反覆發癢

藥吃了，藥膏也擦了，還是一直癢？

「醫生，我寶寶的臉紅紅的，先前看過醫生說是濕疹，有開藥膏擦，擦了會好，但是一停掉沒兩天就長出來，而且現在不只臉、手腳也開始出現疹子了。」媽媽說。

「好的，請問您除了擦藥之外有做別的事情嗎？例如：保濕、保持涼快和改善環境過敏原？」我問。

「那是啥？」媽媽回。

成因

簡單來說，要同時有先天上的兩個問題，才會一直反覆發癢。

❶ 遺傳到過敏體質

❷ 缺乏皮膚自然保濕因子

　這種缺乏自然保濕因子的異位性皮膚，會讓皮膚的表層比較鬆散，水分容易散失，所以會覺得乾且癢，尤其是經過搔抓後，會讓表層破壞得更嚴重，外界的過敏原、細菌、病毒、黴菌，甚至 疥蟲等微生物，可以輕易地穿透皮膚表層，進到皮下的微血管，引起一連串的發炎反應，且搔抓後還會讓發炎物質容易擴散出去，造成更嚴重的過敏反應。

　因此在急性發作時，切忌不可以抓，戴手套或把患部包好都是可行的方法，搭配吃藥或是擦外用藥（大多含有抗組織胺或類固醇），通常可以快速緩解，但若平時沒有保養，之後仍然會反覆發作。

補足保濕因子

　保養最最重要的，就是把保濕因子補足！也就是保濕！

❶ 不建議使用凡士林
因為台灣氣候較濕熱，凡士林容易阻塞毛孔，所以不建議。

❷ **通常建議用保濕「霜」，而不是「乳液」**

因為乳液對一般膚質是可以，但是對異位性皮膚炎的患者，滋潤效果較不足，且應該選用無香精香料的異位性皮膚炎專用保濕產品，減少化學物質的刺激。

❸ **最佳使用時機**

是在洗完澡後，趁水分還沒全乾前立刻塗上，若較嚴重的患者一天可使用多次無妨。

避免過敏原的接觸

保養重點二，避免過敏原的接觸，台灣新生兒過敏原最常見的是塵蟎和牛奶蛋白。有過敏體質的家庭，建議以母乳為主，若無法哺餵母乳則建議先以水解蛋白奶粉餵食（詳見 P.64）。

塵蟎 Q&A 大解答

▼ ▼ ▼ ▼ ▼ ▼ ▼ ▼ ▼ ▼ ▼ ▼

塵蟎數量最多的地方就是在人的寢具裡（包含棉被、枕頭和床墊，約占 40% 以上），不只活的塵蟎會造成過敏反應，死掉的屍體、蟲卵和排泄物通通都可以造成過敏症狀。關於塵蟎的防治，以下是最常被家長問到的問題：

Q 防蟎床套到底有沒有效？

A 有 ➜ 已經有很多研究報告證實，使用合格的防蟎套將床墊、棉被和枕頭等寢具完整包覆後，經過 6 ～ 12 個月的時間追蹤，大部分家中過敏兒的症狀都有改善，且藥物的使用需求量也明顯下降，因此絕大多數的醫師都會建議過敏的家庭要把寢具包上防蟎套。

必須將所有房間的寢具都要包起來，不然家中塵蟎數量無法有效下降。

Q 防蟎套價錢比較貴，有沒有其他方式替代呢？

A 棉被：選用可以丟下去水洗的材質，涼被睡袋等化學纖維，一樣至少兩週洗一次。

枕頭：換成沒有纖維的枕心，如綠豆枕、茶葉枕、竹或木枕頭等。

床：把厚厚的床墊丟掉，改氣墊床、水床等沒有纖維的床，或睡木板床，上面鋪可以水洗的軟墊。

Q 黑色塑膠袋套棉被曬太陽，可以殺死塵蟎改善過敏症狀？

A 錯 ➔ 嚴格來說，只對了一小部分，黑色塑膠袋套住棉被拿到太陽下去曬，如果袋子裡的溫度可以達到 50 ～ 55 度以上，確實可以「殺死」塵蟎們，但是屍體都還在裡面呀！除非你的棉被是可以曬完後再丟下去水洗的材質，不然等於是把充滿塵蟎屍體的棉被往自己身上蓋，睡在一堆死蟲裡。對塵蟎過敏的人依然繼續對屍體過敏，因此症狀不易改善。

Q 每次洗之前都要用熱水燙過才能洗，好麻煩！能不能先丟烘衣機烘烤完，再丟洗衣機洗呀？

A 錯 ➔ 不建議這樣做，除非你有兩台烘衣機，或這台烘衣機內層是有清洗功能，不然會有以下狀況：第一次烘的時候高溫殺死塵蟎，一大堆塵蟎屍體掉落在烘衣機裡，丟洗衣機洗乾淨，再丟回烘衣機，把一開始的塵蟎屍體沾回來。

217

Q 電視上說兩週或一週洗一次床單、枕頭套，就可以減少塵蟎？

A 錯 ➔ 塵蟎不怕冷水，單用一般水洗塵蟎不會死，腳上吸盤一樣吸在纖維上，洗完曬乾後依然存在，所以先用熱水加熱後（50～55 度以上）10 分鐘殺死塵蟎，之後再丟進洗衣機洗，才能把塵蟎洗掉。

但是如果裡面的枕心、被心和床墊沒有包上防蟎套的話，剛剛洗乾淨的床單、枕頭套，就會很快的被枕心內的塵蟎重新佔領，有洗跟沒洗一樣呀！

Q 需不需要購買空氣清淨機呢？

A 用有 HEPA 系統的空氣清淨機，可以過濾掉「空氣中」大部分漂浮的過敏原、灰塵、花粉、黴菌，甚至一些化學刺激物，但是只限正在漂浮的物質，除非我們用力拍打棉被、枕頭，或是在床上跳上跳下，把塵蟎給揚起到空氣中，不然基本上空氣清淨機是除不到塵蟎的，要有效除蟎還是靠上面的環境整理比較有效。

要防蟎，和空氣清淨機比起來，除濕機比較有效，將濕度控制在 60％ 以下（或是更低），可以減少塵蟎的繁殖力，達到減少數量的效果。

若家中是潮濕易發霉的環境，更需要使用除濕機，因為黴菌也是常見過敏原之一！

Q 我不包防蟎套,單使用吸塵器,每天固定吸我的床墊,這樣有效嗎?

A 沒效 ➜ 用有 HEPA 系統的吸塵器,確實可以有效吸起塵蟎減少數量,但枕頭、棉被沒有吸,床墊這麼厚,吸塵器馬力再強也吸不到床墊的下層。

因此,建議床的部分還是包上防蟎套,吸塵器可以用來吸其他地方,例如:地面、地毯(能丟掉最好)等。

Q 什麼是 HEPA ?

A HEPA 高效率空氣過濾器(HEPA, High Efficiency Particulate Air filter)。

為高效率微粒空氣濾心的簡稱,HEPA 的濾心是由不規則的玻璃纖維嚴密交織而成,以多層皺褶來擴大吸附的面積,對於 0.3 微米的細小懸浮物也可捕捉,其過濾效率依粉塵計數法,可高達 99.97% 以上,因此可以達到空氣淨化的目的。

避免過敏原 + 積極的皮膚保溼,
才是最重要的!

異膚藥膏和乳液

哪個先擦？

要擦乳液、乳霜，又要擦藥，到底順序怎麼做才對？每到季節變化期間，就是過敏不穩定的時候，當然異位性皮膚炎也不例外，全身乾乾癢癢紅紅的寶寶好多，每天抓抓抓好可憐！

皮膚保養品

異位性皮膚的特色之一就是表皮的保濕能力差，乾燥的皮膚，導致表皮出現許多裂縫，讓過敏原、微生物或其他刺激物可以直接穿過造成過敏，所以對於異膚的照顧，皮膚保濕就是最重要的事了。

> 寶寶常用的皮膚保養品，大致就是：乳液、乳霜、油。

乳液 含水量高、容易推開，大範圍塗抹。
使用感覺清爽，夏天適合。

乳霜 含油量較高、較滋潤，但不易推開。
較有黏膩感，冬天比較適合。

油 主要用作隔離。
容易阻塞毛孔造成發炎，較少用。

How to do

根據嚴重度不同，可以個別使用或同時使用。一般情況下若要同時使用，原則上是越油的越後面用。

❶ 乳液 → 乳霜 → 油

❷ 若要同時使用藥物，順序該怎麼做才對？
   若只單用「乳液」，可以先塗乳液再塗藥，但其實反過來效果也不會差很多。

❸ 若是塗很厚、很滋潤（很油）的「乳霜或油」，就建議先塗藥了，免得藥物被擋在外面進不去。

血管神經性水腫

怎麼突然腫成這樣？

「醫生醫生，我兒子的耳朵突然腫超大，是不是發炎感染啊？」

「看起來不是很像，這像是被蚊子叮到後引起的血管神經性水腫喔！」

　　這是一種發生在比較深層的真皮與皮下組織過敏反應，因為位置較深和表皮的過敏不太一樣，通常不大會癢，但過度腫脹時可能會痛。

 常見原因

食物藥物過敏、病毒感染、蚊蟲叮咬、內分泌失調或壓力等因素誘發。

其中在小孩又以蚊蟲叮咬最常見！

簡單來說，被叮到哪裡腫哪裡。叮到耳朵變成大耳垂招風耳、叮到眼皮常腫到張不開、叮到手會腫成「米菇」；臉上多叮幾次，可能會腫到連媽媽都認不出來了。

 好發部位

臉部、舌頭、四肢都可能出現。

 預防方式

不要接觸到已知的過敏原。另外防蚊措施要做好，掛蚊帳、防蚊液、穿長袖都可以。

治療方式

和一般治療過敏的方式類似，給予抗組織胺或是類固醇藥膏，通常有不錯的效果，也可以冰敷減少腫脹的疼痛！

How to do

如果孩子皮膚突然有異常腫脹的時候，先不要任意使用藥物，請盡快就診確認是感染發炎還是過敏，再由醫師決定藥物使用。

一定要避免搔抓，如果抓破有傷口就很容易真的感染。

5

錯誤迷思大解析

發高燒一定要用
肛門塞劑 ?!

台灣民間流傳著：發燒超過 39C°，要靠塞劑才能退燒？吃的沒用（太慢）？

經常在看完診時遇到以下這樣的情況：

家屬 A：「能不能把退燒藥換成塞劑？我怕他半夜燒很高！」

家屬 B：「醫生你只開吃的退燒藥，那燒到 39 度怎麼辦？」

家屬 C：「我要塞的退燒藥，吃的根本沒用。」

發燒不會引起腦部的病變

感染症引起的發燒，是良性的反應，目的是提升免疫反應。正常情況下的發燒（< 41 度），並不會引起腦部的病變。

台灣兒科醫學會建議，除了以下情況可能會加重原有慢性病的症狀，必須積極退燒之外，除非病童有因為發燒而有「明顯不適」症狀者，才需要給予退燒。

- 慢性肺病、氣喘、成人型呼吸窘迫症候群

- 有心臟衰竭的心臟病或發紺性心臟病

- 慢性貧血

- 糖尿病與其他代謝異常

- 嚴重神經肌肉疾病，曾有熱痙攣或癲癇發作的神經系統疾病

- 孕婦

肛門塞劑

英文品名 Voren Supp. 12.5mg

產品成份含量 Diclofenac Sodium 12.5 mg

作用機轉 本藥含 Diclofenac Sodium，抑制前列腺素（prostaglandins）的生成，而前列腺素為引起發炎、疼痛及發燒的主要因子，因此 Diclofenac Sodium 具有消炎、止痛、抗風濕及解熱等作用。

副作用

1. 消化器官：可能出現消化性潰瘍、胃腸出血等症狀，遇有此等現象，必須立刻停藥。有時亦可能出現有食慾不振、噁心、嘔吐、胃痛及下痢等症狀。

2. 精神神經系統：有時會出現頭痛、暈眩、嗜睡等。

➕ 口服 vs 肛門給藥

根據台灣兒科醫學會指引：含有同樣退燒藥成分的口服製劑與肛門塞劑，退燒效果「沒有明顯差異」，建議兒童優先使用口服製劑。

口服的 Diclofenac 可以快速完全的被腸胃吸收，只有在混合食物一起吃的時候，會讓吸收速度下降，但不影響吸收量；而不論是塞劑或口服的 Diclofenac，進入人體首次經過肝臟時，都會有一半先被分解代謝掉，也就是說：除非口服 Diclofenac 時混著食物一起吃，不然塞劑和口服的吸收速度和效果是差不多。

➕ 塞劑副作用

使用肛門塞劑，除了疼痛外，也常常出現較口服容易有的腹瀉，甚至血便的副作用。曾經遇過本來只有咽喉炎加上發燒，由於媽媽很緊張一發燒就給塞劑，一天 2 ～ 3 次，結果第三天就因為血便被帶來急診。

➕ 塞劑使用條件

塞劑的使用條件是：病人必須退燒，但無法口服藥物。

有上述需積極退燒的條件，但病人嘔吐厲害、年幼極度抗拒或病人意識不清等，造成口服藥物困難，才考慮塞劑，不該成為常規使用的退燒藥。

> 口服和塞劑的效果是差不多的，請不要迷信塞劑無敵。

點滴
可以退燒？！

不知道哪裡來的傳說：打點滴可以退燒？！

因此很多發燒的孩子來看診，家長都會要求打上點滴退燒。每次遇到這個情況，我都會反問家長：「打點滴是很容易的事情，但你知道所謂『點滴』裡面包含哪些東西嗎？」

大部分的家長，其實都並不清楚！

➕ 點滴使用原則

兒科點滴常用的一般情況是：

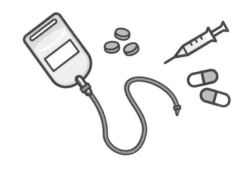

- 病人有脫水症狀，無法經腸道補充。例如：厲害的嘔吐或水瀉，胃口差到連水都不喝等。

- 需從血管裡面給予藥物。例如：注射型抗生素等，把藥物加在點滴裡。

不同廠商出的一般點滴名稱有千百種，不過內容物差不多，就是水＋糖＋電解質。簡單來說，跟市售運動飲料的內容物差不多，只是糖分電解質濃度比例相對稀釋很多，比較適合直接打入血管罷了（當然也可以口服，我喝過一次，沒有運動飲料甜，像稀釋 2 ～ 3 倍的舒跑，但是更難喝）。

「運動飲料有退燒的功能嗎？」如果你認為沒有，那怎麼會覺得打「點滴」（被稀釋很多的運動飲料），就可以退燒呢？

有人說：「可是我小孩上次發燒打完點滴就退了～」嗯～以一個 15 公斤的孩子來說，打完一瓶 500ml 的點滴大概要花 6 ～ 8 小時，我相信在打點滴的同時，一定有合併退燒藥物的使用。

「用過退燒藥」，加上休息個 6 小時，與其說是點滴的效果，倒不如說是時間到了～燒也該退了～

⊕ 發燒合併脫水

　　如果硬要說打點滴可以退燒，我想只有在病人有發燒合併脫水的時候了；人體熱量散失，需要靠排汗系統的幫忙，脫水病人的汗也會排出較少，導致散熱困難。因此補充水分，可以加速排汗，自然可以退的快一點；但同樣是 500ml 的水，如果可以 1 小時內口服分兩三次喝完，為什麼要選擇在那邊挨一（也可能是好幾）針，然後躺在醫院好幾個小時，又吵又不舒服呢？

　　也是有遇過解釋完沒脫水不需要點滴，但依然強硬要求打點滴的家長，如果沒有先天代謝或心臟方面的問題，打點滴灌水是不會怎麼樣，只是一直跑廁所尿尿而已。

How to do

　　建議各位家長，如果你的孩子發燒，但是胃口正常可以進食，請讓他在家裡多喝水休息就好，除非真的有脫水的症狀出現，不然不需要帶來醫院受扎針之苦。

現代仙丹？
益生菌的迷思

有一次在某個臉書社團裡，看到一則貼文內容大致是這樣的：

XXX（益生菌廠牌）真的做的很成功，周遭的朋友、同事都在跟我推銷，

寶寶感冒，也説吃 XXX

寶寶烙賽，也説吃 XXX

寶寶便祕，也説吃 XXX

寶寶發燒，也説吃 XXX

寶寶過輕，也説吃 XXX

（以下省略）

➕ 什麼是益生菌？

真是太驚人了，似乎有許多人把益生菌當成可以治百病的仙丹，任何問題吃益生菌都可以解決？我們來了解一下益生菌到底是何方神聖。

❶廣義定義：是指應用於人類或其他動物，藉由改善內生微生物相平衡、有益於宿主的活菌。

❷狹義定義：是指可在人類腸道內繁殖且不具致病性，對人類健康有所助益的細菌。

上面文謅謅有看沒有懂？沒關係，總之，如果有種細菌，吃到腸胃裡面之後，不但不會造成生病，還可能對人體有好處，就可以稱為益生菌。換句話說，對人體而言，益生菌就是不但會乖乖繳房租，還會幫忙打掃，甚至整修房子的好房客啦！

⊕ 可能帶來的好處

接著來介紹，益生菌「可能有」的好處，根據證據的強弱依序排列。

❶急性腹瀉
- 和腸內感染的壞菌對抗搶地盤，而有縮短病程、改善腹瀉的效果，包括輪狀病毒腸胃炎。
- 服用抗生素後引起的腹瀉，補充益生菌「可能有」預防與治療效果。

❷新生兒壞死性腸炎
「可能有」預防效果，尚待更多研究證實。

❸ 過敏性疾病

人體免疫系統可以粗分為 TH1 和 TH2 兩個部份,兩者是處於天平式的平衡,一個太強一個就會變弱,過敏性疾病主要是 Th2 太強所導致,而益生菌具有刺激 Th1 的功能,因此「可能有」抑制 Th2,改善過敏性疾病的功能。

❹ 抑制幽門桿菌感染,並提高除菌成功率

❺ 抑制胃與大腸瘜肉的數目與大小

也「可能有」抗腫瘤的效果。

❻ 促進食慾與治療便秘的效果目前並不顯著

原因可能為造成食慾不佳和便秘的因素太多,包含環境、飲食和心理狀態等,若有其他問題存在,單用益生菌是無法有效改善。

益生菌可以在許多狀況下使用,而且除了有免疫不全問題的人之外,正常情況下使用都是很安全的,但是請注意,它對於改善上述狀況都只是「可能有效」。

目前還沒有科學證據,證實哪一種益生菌效果是最好的,而且不同個人的體質、疾病,以及使用的菌種,出現的效果也會有所差異。

因此即使各家廠商做了各種大型研究宣稱有效果,但是實際應

用人體上後，因為上述的原因，有的個案獲得了明顯改善，而有些個案則完全沒有變化，甚至更嚴重，到最後也只得到了「可能有效」的結果，所以益生菌到現在為止仍然是健康食品，而非可以宣稱療效的藥品。

現在回頭來看看前面的問題：

- 感冒吃益生菌：沒效，如果會好，是靠自己免疫力好起來的。

- 拉肚子吃益生菌：可能有效，可以試試看。

- 便秘吃益生菌：效果不顯著，改善生活飲食習慣較重要。

- 發燒吃益生菌：沒效，如果有退燒，是身體自然反應退燒，而非益生菌功效。

- 過輕吃益生菌：過輕常和內分泌及腸胃，甚至免疫不全問題相關，應先接受檢查。

益生菌對於人體可能有多種好處，但是對於需要被治療的疾病，得使用具有療效的藥物治療，單用益生菌不僅可能沒效，甚至延誤病情，造成更嚴重的問題。因此，日常保健吃吃益生菌是 OK 的，但生病記得要去看醫生！

235

小孩需要額外補充
維生素嗎？

「現代孩子生得少，每個都是寶。」由於少子化的關係，家庭中的小孩被寄予厚望，必定比以往又更「厚重」許多，因此許多家長不惜砸下重本，也要讓他們贏在起跑點上，包含各種補習、才藝班等，就連營養方面也不落人後，各種補給品瓶瓶罐罐都要準備好，這裡要討論的維生素也不例外。

其實不管大人還是小孩，「只要日常飲食均衡，且生活作息正常」，並不需要額外補充！過多的攝取不只會造成身體的負擔，對身體甚至是有毒性的，請特別注意！

建議兒童重要營養素來源參考

營養素	動物性	植物性
維生素 A	深海魚、動物內臟和蛋黃	胡蘿蔔、南瓜、柳丁和鳳梨（橘黃色蔬果）
維生素 B 群	貝類、肉類、各種乳製品和雞蛋	深綠色蔬菜、藻類，菇類和豆類
維生素 C		芭樂、柑橘類、奇異果
維生素 D（主要來源還是靠太陽曝曬）	鮭魚、秋刀魚、蛋黃、牛奶	黑木耳、菇類、藻類
鈣	小魚乾、牛奶、蝦米	傳統豆腐、海帶、黑木耳、黑芝麻
鐵	紅肉（牛）、豬肝、貝類	紫菜、黑芝麻、穀類
鋅	魚類、蛋黃、貝類	堅果類、綠色蔬菜和豆類

哪些小孩要補充維生素？

那麼，哪些孩子需要額外補充呢？簡單來說：就是營養素攝取不足的孩子。

❶ 落後地區營養不良的兒童。

❷ 因感冒或腸胃道不適，胃口差進食減少的兒童。

❸ 腸胃道先天異常，或因手術導致消化功能較差的兒童。

❹ 嚴重偏食的兒童，如果能直接改善偏食的情況最好。

❺ 家裡不開伙，餐餐吃外食的孩子。

兒童的腸胃道正在發育中，不建議過早給予額外維生素補給，以免造成腸胃不適，建議至少2或3歲以上再食用較好。但是維生素 D 是例外，因為純母乳的嬰幼兒攝取到的維生素 D 較少，目前建議可以出生喝奶順利後再開始補充。

➕ 要注意的事

根據「國人膳食營養素參考攝取量」，兒童身體一天所需要的維生素量，其實比大人還少，所以要注意：

❶ 服用「綜合」維他命比補充單一維他命較佳

雖然兒童需要維生素的量較低，但是更要求均衡，所以兒童較適合攝取綜合維他命，來確保各種維生素都有獲得。

❷ 建議使用「兒童專用」維他命配方

兒童身體容積較小，且處於發育階段，營養素的需求度及劑量耐受度與成人不同，脂溶性維生素過量會囤積在肝臟，增加身體負擔，所以要避免給小孩吃大人的維生素或其他保健食品。

❸ 藥物和營養品錯開時間服用

因藥物容易在體內和這些營養品產生交互作用，就會失去藥效，所以小朋友若正在吃感冒或其他治療藥物時，如要服用營養品，請錯開服用的時間或暫時不吃。

❹ 一次服用一家綜合維他命

一次選擇一種廠牌的綜合維他命服用即可，以免過量。

❺ 肝腎有異常的人要注意

若肝腎功能有異常的孩子，請勿自行服用營養品，以免累積在身體中無法排出而中毒。

❻ 小小孩可使用液態維生素

若孩童年紀較小，可以使用液態維生素製品，而非錠劑，來預防噎到的情形發生 。

感冒、流感
錯誤觀念正解

感冒傳染給別人好得快？

天氣變化大時，因感冒就醫的患者大增，一不小心就可能被家人或是同事傳染！有人就發現：咦？每次感冒傳染給別人後自己就好了耶！以後感冒就趕快傳給別人！

其實，這是「時間上的錯覺」，與病程、潛伏期有關，並非將感冒傳染給別人，自己就好了。

一般的病毒、流感病毒、腺病毒等都可能造成感冒症狀，尤其是每年的 10 ～ 3 月流感高峰期，本身抵抗力比較差的人感染後更嚴重。

病毒的潛伏期約 2 ～ 3 天症狀才出現，因病毒感染所導致的感冒約 1 週會自然痊癒，若本身遇

到較頑強的病毒，症狀則會拖到 10 天，最久 2 週；流感症狀則會持續 10 ～ 14 天。

若 A 剛好碰到病毒，2 天後病狀出現，對著 B 咳了兩聲傳染給他，B 碰到病毒後 2 天開始出現症狀，此時 A 的病程已過了 3 ～ 4 天，當 B 病情變得嚴重時，A 的病情也逐漸痊癒，單純是「時間上的錯覺」，並非將感冒傳染給其他人，自己就好了。

➕ 想讓感冒好得快，一定得靠吃藥？！

❶ 感冒要痊癒，主要是靠自身的抗體殺光病毒
吃藥除了特殊的病毒，如流感服用克流感，皰疹則使用抗病毒藥外，其他並無所謂的特效藥，大多是「症狀治療」，例如緩解鼻塞、止咳化痰。

❷ 有人認為感冒不吃藥不會好，我認為其實是取決於疾病對生活作息有沒有影響
例如鼻塞咳嗽難入眠，胃口差沒食慾；不吃不喝沒有足夠休息，身體無法有效產生抗體，此時吃點藥就可能會好得快。

➕ 為什麼被傳染感冒後，症狀比「原病毒帶原者」還要嚴重？

假設 AB 共處密閉空間，此時 A 對 B「狂咳」，因病毒量太大，此時症狀會較嚴重。尤其是腸病毒最常發生，家中得病寶寶與其他幼兒未妥善隔離，病毒量接觸量一時太大，身體來不及反應，就會出現被傳染者症狀更嚴重的情況。

要注意若感冒真的拖太久，超過 2 週以上未痊癒，建議就醫檢查，以防過敏症狀或更嚴重的感染。

➕ 流感快篩陽性，才能吃克流感嗎？

流感快篩的準確率大約是 50 ～ 70%，也就是說大約至少有三成的人，就算真的中流感，也是驗不出來的。所以其實現在的建議是只要症狀符合，就可以考慮直接給藥、如果又有明確的流感病人接觸史，例如家人有人確定得流感，就更可以放心給藥。

那如果快篩結果是陰性，那克流感還要吃嗎？很多病人即使流感驗出來是陰性的，因為他的症狀幾乎都符合，所以還是建議要把療程 5 天吃完。

流感篩檢陽性不是給克流感的必要條件，只要症狀符合或有明確接觸史，就可以給藥！

類固醇

有副作用會怕怕 ？！

在治療過敏氣喘病患時，教導病童及家屬正確使用吸入型或鼻腔噴入型類固醇抗發炎藥物，是非常重要的！

除了可以減少症狀發作之外，也可以避免將來持續惡化，至無法治療的情況。但是常常會遇到以下這樣的狀況：

案例❶

家長：「醫生，這個藥是不是類固醇？」

醫生：「是的，它就是類固醇。」

家長：「那我不要用。」

結果過一陣子後，氣喘發作急診見。

案例❷

病童因為嚴重的過敏性鼻炎，鼻塞厲害，外加鼻水貢貢流就診。

一查就診紀錄發現，之前早已給予鼻腔噴入型類固醇治療，追問之下才知道，因為發現是類固醇，所以拿到藥當天就丟了！根本一次也沒用！

⊕ 類固醇效用

❶ 類固醇的正確名稱為「副腎上腺皮質激素」，本身具有「強力的抗發炎及免疫調節的作用」。

❷ 對於一些發炎性疾病的治療效果，常常有立竿見影之效，所以很多坊間將之稱為美國仙丹。

❸ 小兒科最常用在過敏的治療，尤其是在氣喘的長期照護上。

⊕ 副作用

病人常擔心的類固醇副作用為：月亮臉、變胖、水牛肩、骨質疏鬆、皮膚變薄、水腫、容易感染、青春痘、長不高、血糖上升、感染率增加、口腔黴菌感染、體毛增多、傷口癒合力變差等，以上副作用的發生，主要是因為「血液」中長期存在了高濃度的類固醇，導致內分泌的失調而造成。

再強調一次，以上副作用是發生在「長期」和「大量高濃度」使用類固醇的人身上（一般而言是指：口服或是注射使用類固醇，至少連續每天使用兩週以上）。

氣喘或過敏性鼻炎長期照護所使用的類固醇為「局部作用低劑量類固醇」，且拜藥物進步所賜，近幾年新發明的局部作用類固醇，進入血液內的劑量更是少，所以在專業醫師指示使用下，即使長期規則的使用，也鮮少出現以上副作用。

❶ 氣喘病童長期使用低劑量吸入型類固醇，除了可以減少氣喘的發作之外，也能調節免疫系統，使病童不易因為過敏，造成抵抗力下降而肺部感染。

❷ 氣喘每一次的急性發作，除了在肺部漸漸造成不可回復的傷害之外，發作時使用的口服或注射施打的類固醇劑量，可能比你乖乖每天使用吸入型類固醇「一整年」的劑量還要高。

請不要害怕類固醇，在專科醫師指示下正確使用，是非常安全，且益處遠大於壞處的。

抗生素與抗藥性
的迷思

「我小孩感冒發燒兩天了，是不是該吃抗生素才會好？」

「急性中耳炎吃了抗生素快兩天，症狀沒改善，你說要換抗生素，這樣第一種療程沒吃完就換掉，我的孩子不會產生抗藥性嗎？」

「我平常能不能給我小孩吃抗生素預防感染？」

⊕ 什麼是抗生素？

「抗生素」，在台灣這個醫療資源普及的地方，相信大家都對這個名字不陌生，它具有可以抑制細菌必要代謝反應，或是直接破壞細菌的效果，應用至今拯救了許多以前無法治癒的病人。但是大量普遍使用抗生素的後果，就是漸漸產生了一些具有「抗藥性」的細菌，讓疾病越來越難醫治，必須使用更後線的抗生素（是指可能對這個感染更有效，但副作用較大或使用上限制更多）來對抗，甚至有可能出現無敵的細菌。

➕ 什麼情況要使用抗生素？

　　除了少數幾種對抗病毒或黴菌的抗生素之外（包含克流感），一般所稱的抗生素大都是指對抗「細菌」的藥劑，所以只有在醫師判定有證據，或是症狀表現高度懷疑有細菌感染時，才會使用抗生素。普通感冒是病毒感染，使用抗生素是無效的。另外，對抗感染最重要的還是自己的免疫力，抗生素只是輔助。

➕ 什麼是抗藥性？

　　首先要知道，抗生素抗藥性指的是「細菌本身」產生了可以抵抗抗生素的特性或能力，而不是你的「身體」對抗生素的治療效果產生抵抗。

➕ 抗藥性怎麼來的？

　　這個部份詳細的機轉非常複雜，我想換個方式說明可能大家比較能夠理解，假如把身體想像成我們居住的地球，而上面不斷製造污染破壞地球的人類想像成細菌，各種會死人的天災（地震、水災、寒災、旱災等）想像成具有殺傷力的抗生素。人類居住在不同環境下多年後，各自產生了自己獨特的特性，例如：住在北極圈周圍的種族抗寒力全滿，住在海邊的種族水性全滿等。

　　假設今天上帝對於這些不斷破壞地球的人類感到無法忍受了！於是對全地球人類使用了冰風暴，可想而知，地上死傷慘重，可能只有抗寒力全滿的種族有渺茫的機會存活下來，但若是在抗寒族全滅之前，冰風暴停止了，剩下的抗寒族會繼續繁衍後代，那麼一段時間過去後，地球上又會再度充滿人類，而且全都附帶抗寒效果。於是抗「冰風暴」抗藥性就產生了，

以後上帝想靠冰風暴清除人類，效果絕對是不好。那麼對於上帝第一次沒清完的耐寒人類，到底怎麼做才正確呢？通常有兩個方法：

- 提高濃度或強度，和延長使用時間去挑戰它的能耐。
- 用另一種抗生素（例如水災）把那些耐寒力全滿、但水性不佳的種族殲滅掉。

所以抗生素除非必要，不應該輕易使用，一旦用上就必須做好完整療程，希望可以讓殘存的細菌量降到最低，以減少抗藥性細菌的產生。

抗生素 QA 解析

Q 我小孩感冒發燒兩天了，是不是該吃抗生素才會好？

A 如果重新評估後，判斷仍然是病毒引起的感冒，非細菌感染，等病程過了產生抗體（約 5 ～ 7 天）就會慢慢好起來。

Q 急性中耳炎吃了抗生素快兩天，症狀沒改善，你說要換抗生素，這樣第一種療程沒吃完就換掉，我的孩子不會產生抗藥性嗎？

A 抗藥性是耐力較強、沒殺光的細菌重新繁殖後的結果，不是小孩有抗藥性。

Q 我平常能不能給我小孩吃抗生素預防感染？

A 沒事亂吃抗生素，除了容易產生抗藥性外，還會把很多好菌一併殺光，所以可能會更容易生病！

冬季乾癢

多泡澡能改善？！

冬天、春天等天冷之際，時常會出現冬季乾癢、冬季濕疹等冬季癢，特別常見在小腿、手臂等處。除了在成人身上，小朋友也屢見不鮮，如果有此情況更要注意止癢方式，許多錯誤的改善方式，往往容易讓病情更加惡化。

📷 成因

俗稱冬季癢的狀況常見為學名「缺脂性濕疹」的皮膚疾病，顧名思義就是因為皮膚缺乏油脂、太過乾燥所致。

❶ 冬天、春天等天冷之時，遇上氣溫較低或溫度、濕度劇烈變化，容易使得近於末梢的血液循環較差，保護皮膚的油脂等成份分泌減少、保濕能力下降，也因此好發於手、腳等處。不過嬰兒因為保暖工作受人人的重視，比較少出現於手腳，

而且過敏情況常見先以異位性皮膚炎做為表現，容易出現於臉部，這也是為什麼大人常會發現，小孩出遊才一下子臉就紅腫起來。

❷ 冬季乾癢、冬季濕疹一般常見出現在肌膚較為乾燥的族群身上，其中中老年族群又因老化保濕較為不易，更容易發生；有異位性皮膚炎等皮膚問題的族群也容易出現此問題。

值得注意的是，許多族群較難以被想到其關聯性，容易被忽略，像是腎臟病、肝硬化等代謝疾病族群等，也應多加留意。

❸ 冬季乾癢、冬季濕疹通常先出現乾癢的情況，皮膚乾燥就容易出現裂縫，此時若接觸塵蟎、灰塵、細菌等刺激性的物質，就容易產生發炎反應，接著皮膚就會到紅腫癢的冬季濕疹。

若未妥善處理還會有情況持續加劇的可能，加上皮膚乾癢的情況讓人想抓，此舉更會加重病況，甚至破皮造成開放性傷口，進而引起蜂窩性組織炎等細菌感染。

➕ 冬季癢常見 NG 行為

不過，比起乾癢、紅腫等情況更糟的是，許多民眾常會有錯誤的觀念，以不良的方式做改善。

❶ 泡熱水

最常見的不當作法就是泡熱水、用熱水燙，此
舉僅能達到相當短暫的止癢，不但對病況毫無幫助，還容
易帶走皮膚上僅存的油脂，甚至因為高溫刺激引起更嚴重
的發炎，造成病情惡化。

❷ 鹼性清潔用品

有些人會認為多洗幾次澡，把身體洗乾淨便有
助於止癢的錯誤想法，這樣的方式確實讓身體更乾淨了，
但保護皮膚的油脂也會跟著一起被洗淨，且沐浴用品多為
鹼性，易使皮膚更加乾燥，內含的成份也可能更刺激皮膚，
對病情更加不利。洗碗精等清潔用品也是同樣的道理。

❸ 每日洗澡

此期間更應注意保護患部，建議患者可視情況
斟酌洗澡次數，如非必要可避免每日洗澡，可
以清水沖洗，藉此減少發作的機會。

❹ 酒精消毒

診間也不乏因酒精使用過度讓病情加劇的患者，
因疫情的關係，國人逐漸重視酒精消毒，使用過度時有所
聞，而在冬季濕疹發作時，甚至有許多患者誤認為是手部清
潔不確實造成過敏，進而使用酒精消毒。但酒精揮發時具有
帶走皮膚水分的作用，也容易讓情況惡化。

How to do

❶ 面對冬季乾癢、冬季濕疹關鍵在於安全的止癢，切勿試圖自行治療。

❷ 在搔癢難耐之時，建議以拍打代替抓癢，或以冰鎮的方式止癢。

❸ 可以塗抹保濕霜、凡士林等油脂成分較高的保養品作初步的緩和，其目的在於用適量的油脂保護皮膚，水分較高的乳液或油脂成份過高的嬰兒油等則相較不宜。

❹ 止癢之外，應避免使用偏方或擅自塗藥以免病情惡化，例如噴灑酒精等。

❺ 毛衣等質料觸感較為粗糙的衣物摩擦到患部，基本上就如指甲抓癢一樣，且也可能藏有細菌及塵蟎，應盡量避免。

❺ 在初步止癢、緩和後，盡快尋求專業醫師協助治療為佳，以免衍生出其他問題。

附錄

小兒藥物這樣用

退燒藥

安佳熱糖漿

藥品學名／ acetaminophen

治療退燒藥物安佳熱糖漿，其實和我們常常在電視廣告上看到的「普拿疼」是屬於同一類的藥物，「不含阿斯匹靈」不傷胃。

⬭ 作用

- 退燒
- 止痛，例如喉嚨痛、頭痛、生理痛等

⬭ 使用方式

- 體溫大於 38.5℃或需要時服用。
- 每次服用約體重（KG）一半的 c.c. 數，舉例來說，一個 10 公斤的小朋友，每次建議劑量就約為 5c.c.。
- 每次使用請間隔 4 小時以上。
- 服用後約 1 小時後才會開始有退燒效果，請耐心等候。

⬭ 副作用

- 主要由肝臟代謝，對於一般肝功能正常的孩子來說，在正常使用劑量下無明顯副作用產生。
- 但誤食過量時，可能會有冷顫、下痢、嘔吐、發燒、皮膚搔癢、心悸、虛弱、發汗和神經刺激反應、虛脫、痙攣和昏迷，請盡快就醫。

優點

· 可愛的瓶身，粉紅色的外觀，草莓口味，讓它在兒童界成為接受度頗高的藥物，因此兒科醫師愛用。
· 具有相對溫和的藥性，所以鮮少有副作用產生。
· 價格親民。
· 懷孕的媽媽可以使用。

缺點

· 無明顯「抗發炎」作用，所以對於較嚴重的疼痛（例如關節炎）效果不佳。
· 由於口味不錯，偶爾發生孩子拿來暢飲後導致的藥物過量事件，請各位家長務必放置於兒童拿不到的高處，慎記！

該注意的事

· 由於此藥藥性溫和且副作用低，又不易產生過敏反應，當寶寶發燒不適時，選用此藥退燒是相當安全的，但請一定要放在兒童無法取得的地方。
· 任何退燒藥服藥後，皆需等候約 1 小時的藥物作用時間，請勿不耐煩就一直繼續給藥，以免造成身體副作用產生。

退 燒 藥

依普芬糖漿

藥品學名／Ibuprofen

屬於非類固醇類的消炎止痛藥,和阿斯匹靈是同類型的藥物,換句話說:「有點像阿斯匹靈」會傷胃。

作用

· 退燒
· 止痛
· 消炎(此處的消炎指的是減輕紅腫狀態,而並非殺菌)

使用方式

· 體溫大於 39℃或需要時服用。
· 使用方式和安佳熱糖漿類似,每次服用約體重(KG)一半的 c.c. 數,舉例來說,一個 10 公斤的小朋友,每次建議劑量就大約為 5c.c.。
· 每次使用請間隔 6 小時以上(安佳熱 4 小時即可使用一次)。
· 服用後約 1 小時後才會開始有退燒效果,請耐心等候。

副作用

· 由於類似阿斯匹靈,會傷胃,所以可能會有胃腸不適或腸胃出血副作用,建議飯後使用。
· 主要靠腎臟代謝,可能對腎臟造成負擔或出現水腫。

優點

· 類似安佳熱糖漿，可愛的瓶身，紫色的外觀，葡萄口味，因此相當受到小朋友喜愛。

· 具有較強的退燒、止痛以及消炎效果，因此對於較嚴重的發燒、疼痛或發炎（例如扭傷）皆可使用。

缺點

· 容易產生各種過敏反應。

· 如果病人本身有過敏性鼻炎或氣喘的體質，使用此藥可能會突然加重。

· 長期使用可能造成腸胃或腎臟的傷害。

· 哺乳或是懷孕的媽媽不建議使用。

該注意的事

· 依普芬糖漿雖然具有較佳的退燒止痛消炎作用，但相對的副作用也容易發生，傷胃、傷腎且容易誘發過敏，因此許多醫師會以安佳熱糖漿為優先使用的退燒藥物。

· 依普芬糖漿則是在有較厲害的發燒、發炎疼痛才使用，避免空腹使用，可減少副作用產生。

希普利敏液

藥品學名／Cyproheptadine Hydrochloride

小兒感冒過敏的常用藥物希普利敏液,屬於第一代抗組織胺。第一代抗組織胺因為容易進入腦部,所以易引起嗜睡的副作用,而改良後的第二代抗組織胺則不易進入腦部,嗜睡副作用也較少。

作用

· 抗過敏
· 止皮癢
· 改善流鼻水等感冒症狀

使用方式

· 每次服用約為體重（kg）除以 3 ～ 4 的 c.c. 數,每日 2 ～ 3 次。
· 服用後約 30 ～ 60 分鐘開始作用,藥效可持續 4 ～ 6 小時。

副作用

· 因為會進入腦部,所以常常引起嗜睡。
· 口乾舌燥。
· 腸胃不適。
· 進入腦部後,居然可以開胃。

優點

· 口感佳,有的廠商還出了鳳梨口味,小孩接受度高。

- 意外的有促進食慾的副作用，非常適合給予感冒時胃口不佳的孩子使用。
- 對於皮膚過敏，皮癢到睡不著覺的孩子，睡前給予此藥，可以同時止癢和幫助入眠，是不錯的選擇。

缺點

- 吃了藥，有的孩子會一直睡。
- 有的孩子使用時因為精神不濟的副作用，導致上課學習效率減低；另外使用期間也必須注意安全，尤其要避免騎腳踏車，以免騎一騎睡著發生意外。
- 一天必須吃到 3 次，增加餵藥的難度。
- 胃口大開後，可能反而變成過胖。

該注意的事

- 希普利敏液是兒科感冒或過敏的常用藥物，正常劑量下短期使用是安全的，但因為是第一代抗組織胺，容易造成嗜睡、影響認知學習的能力，以及有肥胖的可能，有以上副作用出現的孩子不適合長期使用；但是對於皮癢到睡不著的孩子，睡前使用是不錯的選擇。
- 有慢性過敏症狀，需要長期控制的孩子，通常會選用第二代抗組織胺。

其實第一代和第二代抗組織胺兩者，並非誰比較好、誰比較差，因為兩者的效果還是有差異的，不同的情況下，我也會選用不同的抗組織胺，醫師會根據病人情況給予適合的藥物。

 感冒、過敏用藥

勝克敏液

藥品學名／ Cetirizine Dihydrochloride

屬於第二代抗組織胺，相較於第一代抗組織胺，第二代抗組織胺不容易進入腦部，嗜睡副作用也較少見。

作用

· 抗過敏（包含鼻炎、結膜炎、蕁麻疹）
· 止皮癢
· 改善流鼻水等感冒症狀

使用方式

· 小孩每次服用約為體重（kg）除以 3 ～ 4 的 c.c. 數（最多不超過 10c.c.），每日 1（～ 2）次即可。
· 服用後約 60 分鐘開始作用，藥效最長可持續一整天。

副作用

· 副作用相對於第一代少見。由於不易進入大腦，所以不容易引起嗜睡。
· 其他腸胃不適、口乾等副作用少見或非常輕微，孩子長期服用也少有負擔。

優點

口感佳，廠商還推出了小杯（30c.c.）、中杯（60c.c.）、大杯（120c.c.）的品項可供選擇，真是十分貼心。一天只需服用 1 ～ 2 次，因為是長效藥物，減少餵藥的戰爭。

🔵缺點

· 越小的孩子，此藥物代謝的速率越快，所以在孩子症狀嚴重時使用此藥，有時會有「不夠力」的感覺。

· 雖然很少發生，但「仍有可能」出現精神不濟的副作用，導致上課學習效率減低。另外，使用期間也必須注意安全，尤其要避免騎腳踏車，以免騎一騎睡著翻車。

· 非常罕見的情況下，有誘發肌張力異常，不自主動作的副作用，例如：不自主的聳肩、甩手、角弓反張（背肌的強直性痙攣，使頭和下肢向後彎曲，像拉開的弓一樣的姿勢）、眨眼等，如有出現必須立即停藥。

🔵該注意的事

勝克敏液是兒科過敏的常用藥物，因為是第二代抗組織胺，不易進入腦部引起嗜睡、注意力不集中等副作用，且其他副作用也罕見，所以常使用在需要長期服藥控制的過敏病人身上（例如過敏性鼻炎、異位性皮膚炎）。

由於小兒代謝這種藥物的速度較快，如果症狀正嚴重時使用，「可能」效果會不太明顯，因此許多醫師把它視為過敏「保養」用藥，每天一次用來預防或減輕過敏症狀。

此外，少部分敏感的孩子對此藥物仍然會引起嗜睡，且一般過敏症狀常在半夜清晨加重，因此建議「睡前服用」，效果較佳且可以減少白天嗜睡的機會。

其實第一代、第二代抗組織胺兩者，並非誰比較好誰比較差，因為兩者的效果還是有差異的，不同的情況，醫師會根據病人情況給予適合的藥物。

感冒、過敏用藥

鼻福和亞涕液

藥品學名／ Triprolidine + Pseudoephedrine

是兩個內容成分相同的藥物，只是藥廠不同，所以中文名稱不同，當然使用方式也是一樣的。

它是一種複方藥，內含兩種成分。Triprolidine：這是第一代抗組織胺，可「減輕鼻子過敏、鼻涕鼻水」等症狀。Pseudoephedrine：這是交感神經興奮劑，主要用來讓小血管收縮，減少鼻黏膜充血「改善鼻塞」症狀。

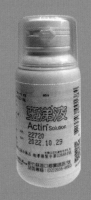

🔖 作用

· 緩解過敏性鼻炎的相關症狀

· 改善「鼻塞」症狀

🔖 使用方式

· 小孩每次服用大約為體重（kg）除以 4 的 c.c. 數（最多不超過 10c.c.），每日 3 ～ 4 次使用。

· 服用後約 60 分鐘開始作用，快速舒緩鼻塞等症狀。

🔖 副作用

· 過敏不少見。

· 因為含有第一代抗組織胺，所以可能會造成嗜睡、腸胃不適等症狀。

· 交感神經興奮劑可能會導致興奮、手腳顫抖、焦慮，坐立難安、心悸等。

優點

· 所有的小兒糖漿都一樣，做的甜甜的很好喝。
· 相較於先前介紹的幾種（純）抗組織胺藥物，因為有加入交感神經興奮劑，所以對於鼻塞效果較明顯。
· 對於皮癢的孩子，也可能同時有效。

缺點

· 副作用可能興奮或嗜睡，對小孩來說，興奮的副作用是相對容易出現的，如果出現了必須看緊小孩，以免因為過度興奮做出一些危險舉動。
· 有可能出現精神不濟的副作用，導致上課學習效率減低。服用期間也必須注意安全，尤其要避免騎腳踏車，以免騎一騎睡著發生意外。
· 長期大量使用下，突然停藥有可能造成反射性鼻塞，塞得更厲害（噴劑更容易發生）。

該注意的事

· 鼻福或亞涕液是醫療上很常用來治療鼻子症狀的藥物，不論是單純鼻水或鼻塞效果都不錯。短期使用是安全的 (5 ～ 7 天)，但需避免長期使用，以免反彈性鼻塞發生（鼻噴劑常見）。
· 使用上最常見到的問題就是精神上的影響，如果吃了會 HIGH 的孩子，請避免睡前兩小時內服用。
· 吃了會昏睡整天或是出現手抖心悸等不適的小孩，請回醫療院所調整劑量，或是改用其他藥物。

欣流

藥品學名／ MONTELUKAST

這是很常用的氣喘控制型藥物,使用上相當安全且副作用低,口服一天一次使用簡便又好吃。一旦開始接受治療,要密切注意孩子狀況,並按時回診追蹤。

適應症

・預防與長期治療成人及小兒的氣喘,緩解成人及小兒的過敏性鼻炎症狀。

作用

是一種具有選擇性的白三烯素接受體拮抗劑,可專一的抑制 cysteinyl leukotriene CysLT1 接受體。簡單來說就是一種比抗組織胺更有效的抗過敏藥物,**可以改善鼻過敏或氣喘等過敏症**。

可單獨用在控制輕度持續型氣喘,或合併吸入型類固醇用在中度以上的氣喘控制,因為對過敏性鼻炎也有效果,所以如果病人有輕度持續型氣喘 + 過敏性鼻炎,使用這個藥物有一石二鳥的效果。

使用方式

依照不同年紀有分為 4 毫克、5 毫克和 10 毫克的劑型,通常是每日一次,至於是早上吃,還是睡前吃,就看醫師判斷決定。

副作用

・其實這個藥物的副作用非常少見,但最常被拿出來討論的就是精

神方面的副作用，例如：躁動，包括侵略性行為或敵意、焦慮、沮喪、定向障礙、注意障礙、夢境異常、幻覺、失眠、記憶損害、精神運動性過度活躍（包括易怒、坐立不安、顫抖）、夢遊、自殺的想法和行為、抽搐。吃了會昏睡整天或是出現手抖心悸等不適的小孩，請回醫療院所調整劑量，或是改用其他藥物。

優點

・非類固醇類藥物，家長接受度高 。
・甜甜的藍莓或櫻桃口味超好吃，小孩接受度更高！甚至會主動提醒：「我今天還沒吃藥喔～」。
・副作用少見。

缺點

・就是因為太好吃，所以有小孩趁爸媽不注意偷偷吃掉整排！請務必放在高處收好鎖好！！
・有一個副作用警語非常嚇人——自殺的想法和行為。
很多家長看到會害怕不敢給小孩吃，但其實那是少數幾件出現自殺想法或行為的個案，而且是成人。成人會出現自殺念頭的原因太多了，所以要跟藥物直接畫上關係，其實有點牽強。
但重點是：在兒童使用上目前沒有這樣想自殺的個案出現，而容易躁動的部分通常停藥後就可以緩解，所以真的不用太擔心。

要注意的事

遵照醫師指示做藥物調整，不可自行減藥唷！在氣喘控制上，要記得不可以完全依賴藥物，必須同時注意過敏原環境控制，不熬夜、多運動、曬太陽等，才有機會慢慢減少藥物使用並停藥。

過 敏 免 疫 性 疾 病 用 藥

必爾生口服液
藥品學名／ Prednisolone

治療過敏免疫性疾病用藥：必爾生口服液
（KIDSOLONE ORAL SOLUTION），會拿來
當作藥物治療，主要是用在抑制發炎、改善過敏
或自體免疫疾病。此藥物作用超多，所以長期使
用下會有非常多的副作用。

作用

・改善過敏性疾病（例如：氣喘、蕁麻疹等）。
・改善自體免疫疾病（例如：風濕性關節炎、潰瘍性結腸炎、紅斑
　性狼瘡等）。

使用方式

沒有一定，通常一天 3 ～ 4 次，劑量視疾病嚴重度調整。

副作用

　「長期」口服使用下，副作用容易出現（通常是兩週以上），比
較常見的如下：
・ 食慾增加、體重增加。
・ 反胃、胃痛。
・ 脂肪囤積：月亮臉、水牛肩。
・ 各種代謝性疾病。
・ 各種感染風險增加。

◑◐優點

・口感佳，小孩接受度高。

・因為是美國仙丹，對過敏或自體免疫性疾病的效果通常不錯。

◑◐缺點

・口服長期服用（通常大於兩週），副作用容易出現。

・不得已而非得長期吃的時候，也不可以貿然停藥。

◑◐該注意的事

必爾生口服液是兒科過敏氣喘的常用藥物，正確劑量下短期使用是安全的，但過度使用或是貿然停藥，容易產生各種副作用！所以病人千萬不可自行用藥，必須完全遵從醫師指示！

感冒用藥

息咳寧糖漿

天氣多變化，感冒的孩子也變多了些，很多孩子看完醫師後，都會拿到這罐綜合感冒糖漿：息咳寧糖漿。

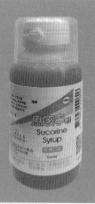

息咳寧糖漿每 c.c. 含有以下成份

- dl-Methylphedrine　1mg：屬交感神經興奮劑，有氣管擴張作用，也可解除黏膜的充血，例如鼻塞、充血性支氣管炎舒緩。
- Chlorpheniramine　0.1mg：屬於第一代抗組織胺，改善鼻水和其他過敏症狀。
- Glyceryl guaiacolate　5mg：化痰，增加氣管水分，使濃痰變稀易於咳出。

適應症

- 綜合以上改善感冒或過敏引起的咳嗽、鼻塞鼻水。

使用方式

- 小孩每次服用約為體重（kg）除以 3 ～ 4 的 c.c. 數（每次最多不超過 10c.c.），一日使用 3 次。

副作用

· 過敏、腸胃不適、頭暈、耳鳴。

· 第一代抗組織胺引起的嗜睡。

· 交感神經劑引起的心悸、興奮。

優點

· 三個願望一次滿足，減少分次餵藥的困難度。

· 甜甜的很好喝。

· 明顯副作用很少發生。

　此藥嗜睡的副作用相較於其他第一代抗組織胺更少見，交感神經劑副作用相較其他劑型更少發生。

缺點

　因為是複方藥，所以如果只有鼻水症狀時使用此藥，等於額外吃了兩種不需要的藥物，增加身體負擔。

該注意的事

　這是小兒常用綜合感冒糖漿，症狀治療用藥物，副作用低，使用上相當安全。相信很多人家裡都備有幾罐，但常遇到家長讓小孩一有感冒症狀就直接拿來喝，其實這樣是不好的，小孩生病時因為不擅長表達，如果是細菌性肺炎或鼻竇炎等其他嚴重疾病，可能會因為服藥後症狀減輕而延誤就醫，建議還是帶去給醫師診察後，再接受適當治療才好。

過敏性鼻炎

小兒常用鼻噴劑介紹

小兒常用鼻噴劑除了鼻內類固醇噴劑，還有其他幾種鼻噴劑的類型：去充血劑、抗組織胺、肥厚細胞穩定劑。

以上這些藥物都是醫師處方藥，請勿自行去藥局購買，目前最有效的過敏保養噴劑以鼻內類固醇為主，長期正常使用下幾乎沒有副作用，請安心使用；而去充血劑的使用請小心，濫用後的後遺症會讓你辛苦好一陣子。

去充血劑

　它可以讓鼻腔黏膜下的血管收縮，減少鼻子充血狀態，而改善鼻塞，常用的藥物名稱為 xylometazoline 或 pseudoephedrine。這類藥物效果快、一噴鼻子就通好好用。

適應症

　改善「**7 歲以上**」**的兒童、青少年**，與成人的一般感冒、鼻塞、流鼻水、打噴嚏、過敏性鼻炎及由過敏引起的鼻充血。

→ 7 歲以上才可以用，對於小小孩的安全性未確定，請不要再拿去噴小小孩！

使用方式

・ 一天一次或數次，最多三次即足夠。
・ 約在數分鐘內開始作用，藥效可持續 12 小時之久。

✿ 副作用

頭痛、鼻乾燥刺激、打噴嚏，通常是局部刺激造成，全身副作用罕見。

✿ 優點

・效果「超」快，5 分鐘鼻子就通。

・不含類固醇？！這也是這類鼻噴劑最喜歡用的廣告詞了，不含類固醇就以為沒有副作用放心使用？請繼續往下看。

✿ 缺點

就是因為太快、太有效，而且又不含類固醇沒在怕的，自己跑去藥房買，每天都拿來噴一下好舒服，但連續使用 1 週左右後，身體會對它產生耐受性，也就是繼續噴會慢慢沒什麼效果，而停用後會產生藥物性（反彈性）鼻炎，鼻塞得更慘，接連會塞好幾天，非常難受！

✿ 該注意的事

去充血劑效果快且持續久，對於嚴重的鼻塞可以有快速又不錯的效果，但是千萬不可以過度依賴，廣告沒告訴你的事情很多，將來停藥後易產生反彈性鼻塞！

抗組織胺

成分名稱：Azelastine 0.14mg/dose 噴立停

直接把組織胺噴在鼻黏膜上，改善鼻過敏、眼結膜過敏症狀。

✿ 用法

成人及 6 歲以上兒童：每次兩個鼻孔各噴一下，每天使用二次。

優點

・可長期使用。

・無明顯副作用，僅鼻黏膜刺激性、鼻血等。

缺點

效果不如鼻內類固醇，而副作用也差不多，故目前少用，大概最適合「有類固醇恐懼症」的人使用。

肥厚細胞穩定劑 ────────────

這個應該已經看不到了，一天要用 3～4 次，而且要連續使用約 1 個月以上，才會有預防過敏的效果。

常 用 化 痰 藥

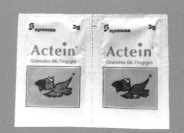

愛克痰

藥品學名／Acetylcysteine

大人小孩都愛用的小鳥化痰橘子粉。

作用

呼吸道黏液分泌物內的蛋白之濃度及 DNA 越多，痰就會越黏越難咳出。

愛克痰可將黏液中的蛋白質或 DNA 的雙硫鏈打斷分解，降低痰的黏性，而讓痰比較好被咳出來（相較於下一篇的舒痰液，是增加呼吸道內的水份幫助排痰，不太一樣），且有解毒功能，可用於 acetaminophen（普拿疼、安佳熱）過量中毒的治療。

使用方式

粉劑有分橘色和綠色：
· 橘色的劑量比較低、也比較甜，適合孩子吃。
· 綠色的劑量是橘色的兩倍，但比較不甜，適合大人使用（其實小孩也可以吃，就是劑量要減半）。
· 也有發泡錠可以直接泡水使用，適合大人用。

副作用（少）

· 輕微腸胃不適。
· 偶有發疹等過敏現象。

- 可能口腔會有硫磺味。
- 有引起氣管痙攣的機會。

優點

- 泡水後變成橘子口味的藥水，甜甜好喝，常被小病人指定。
- 也是純化痰，所以沒有某些鎮咳藥物的神經抑制或上癮的副作用（例如：甘草止咳液）。
- 有解毒效果，可用在 acetaminophen（普拿疼、安佳熱）過量肝中毒的治療。

缺點

- 由於是純化痰，所以因為氣喘咳，或是喉嚨發炎刺激引起的乾咳效果就很差。
- 小機率引起氣管痙攣，所以有氣喘的孩子使用此藥劑量須小心，以免引起氣喘發作。

該注意的事

- 愛克痰是兒科感冒的常用化痰藥物，正確劑量下短期使用是安全的，服用期間多攝取水份，可讓化痰效果更佳！
- 大人小孩，連孕婦也可服用。不過有氣喘體質或老人家使用上必須小心。

常用化痰藥

舒痰液

藥品學名／ Ambroxol hydrochloride

另一種小孩愛用的化痰藥，記得要多搭配喝水
才更有效喔！

作用

功能就是純化痰，讓痰比較好咳出來。

使用方式

‧ 12 歲以上：每次 10c.c.，每日 3 次。
‧ 6 ～ 12 歲：每次 5c.c.，每日 3 次。
‧ 2 ～ 6 歲：每次 2.5c.c.，每日 2 ～ 3 次。
‧ 2 歲以下：每次 2.5c.c.，每日 2 次。

舒痰液的口服吸收快速，大約 2 小時後達最高血中濃度，同時攝
取多量水份，效果更佳。大人有錠劑可以選擇。

副作用（少）

‧ 輕微腸胃不適。
‧ 口乾舌燥。
‧ 流鼻水：讓呼吸道水份增加，所以鼻水也可能變多。

優點

‧ 口感佳，有鳳梨和檸檬口味的，小孩接受度高。
純化痰，所以沒有某些鎮咳藥物的神經抑制或上癮的副作用。

🍬缺點

　　由於是純化痰，所以因為氣喘咳，或是喉嚨發炎刺激引起的乾咳，效果就很差。

🍬該注意的事

・舒痰液是兒科感冒的常用化痰藥物，正確劑量下短期使用是安全的。服用期間多攝取水份，可讓化痰效果更佳。
・大人小孩都可以使用，但仍然不建議懷孕 3 個月以下孕婦服用。

 腸胃用藥

胃利空糖漿

藥品學名／Domperidone

病毒性腸胃炎一年四季通通有，胃利空糖漿則是
治療這類腸胃用藥。

適應症

主要用來治療噁心和嘔吐。

作用

增加食道壓力、刺激胃竇（胃的下半部）和十二指腸的蠕動，達
到加速胃排空的效果，趕快讓胃空空的沒東西可吐，自然就不容易
再吐了。

使用方式

・小孩每次服用約為體重（kg）除以 4 的 c.c. 數（每次最多不超
過 10c.c.），三餐飯前服用。

・服用後約 30 ～ 60 分鐘開始作用。

副作用（少見）

・過敏

・錐體外徑現象：小孩比較常看到的副作用，是藥物容易進入腦部
引起，症狀相當多變，例如：肌肉抽筋、眼歪口斜、身體不自主
扭曲、煩躁不安無法定點休息，手抖腳抖講不出話等。

優點

· 甜甜的很好喝
· 止吐效果快速、副作用少見

缺點

雖然上面寫優點是副作用罕見，但偏偏在越小的孩子越容易出現！副作用錐體外徑現象出現時，看起來非常像癲癇發作或中風，有時嚴重身體不自主扭曲，會像電影「大法師」那樣讓人驚恐。

該注意的事

· 這是小兒科醫師很常用的腸胃炎止吐藥物，使用上相當安全且副作用低，一般建議飯前 30 分鐘空腹時使用。為什麼要飯前吃呢？因為這樣你等等吃飯時，才不會那麼容易吐。
· 在小小孩使用此藥時要多注意，尤其是 1 歲以下，觀察是否有任何怪異的動作表情，或坐立難安等疑似錐體外徑現象發生。若出現時，請盡快帶至鄰近醫院求診，確定原因並接受治療。
· 錐體外徑現象是良性現象，通常停藥不久後就會消失，無長期後遺症，但若孩子有發生過，請爸爸媽媽記下這個藥物，將來看診時主動告知醫師。
· 如果經過治療後，嘔吐症狀不減反增，或出現劇烈頭痛、活力低下、尿液減少等脫水現象，需盡快回診！

尿 布 疹 用 藥

氧化鋅乳膏

藥品學名／ Zinc Oxide

寶寶紅屁屁，晚上哭不停！ 氧化鋅乳膏是尿布疹的常用藥膏。

💊 適應症

緩解皮膚刺激及尿布疹。

💊 作用

是一種「皮膚保護劑」，油性的基質可以隔離水分、便便和尿液，有輕微抗菌，還有幫助傷口癒合的效果。

因此用在尿布疹或一些表淺的皮膚發炎、小傷口等都是 OK。

💊 使用方式

寶寶每次排便清理乾淨 + 乾燥後，直接厚厚塗抹在患部。一日數次都可以，目的是要隔離，所以如果只是薄擦就沒什麼效用。

💊 副作用

皮膚發疹或局部刺激不適，少見對氧化鋅成分過敏。

💊 優點

· 隔離效果佳。
· 幾乎沒有副作用，可放心使用。

🔵 缺點

毛囊阻塞。使用時間太長，導致毛囊被氧化鋅塞住，外觀看起來很像一顆一顆的白頭粉刺，嚴重時可能會毛囊發炎。通常只要停用 1 到 2 週就會自己消失。

🔵 該注意的事

這是小兒科醫師很常用的尿布疹藥物，因為不含類固醇等藥物，所以使用上相當安全且副作用低，但有幾點要提醒大家：

- 請勿使用過度，滿月之前的新生兒因為腸胃不成熟，一天的大便次數多，有時一天十幾次都有可能，加上皮膚相當不成熟而敏感，所以非常容易罹患尿布疹。有這樣的現象時，屁屁膏就可以在每次清潔後塗抹隔離便便，以減低嚴重度。
- 滿月之後通常寶寶排便次數會明顯下降，而且皮膚也逐漸成熟，尿布疹的機會就大大降低了，這時候就不需要過度塗抹隔離藥物，不然就會很容易毛孔阻塞。
- 造成尿布疹的原因很多，如果清潔隔離已經做確實，但症狀完全沒有緩解，就要盡快就醫檢查，是否有合併其他問題（例如感染），改用其他藥物治療。

常用皮癢藥膏
強力施美藥膏

常用的皮膚止癢藥膏，但不是每個小孩都適合使用，要看仔細。

成份

❶ Chlorpheniramine Maleate：第一代抗組織胺，止癢用

❷ Lidocaine Hydrochloride：強力的局部麻醉劑

❶ + ❷ = 達到良好的止癢 + 止痛效果

❸ Hexachlorophene：局部消毒劑（非抗生素），且具有除去體臭的作用

❹ Methyl Salicylate：水楊酸（冬青油）

❺ Menthol：薄荷醇

❻ Camphor 5mg：樟腦

❹ + ❺ + ❻ = 鎮痛、止癢及清涼等作用

簡單來說，這支藥膏幾乎把所有能止癢的東西都集合在一起了，可以說就是為了止癢而存在。

適應症

皮膚搔癢症、昆蟲刺螫症、急慢性蕁麻疹的搔癢、神經性皮膚炎、汗疹等的搔癢緩解。

🔵用法

一日數次，每次塗佈適合份量於患部，若在患部擦入 2 至 3 分鐘，即效果更佳顯著。

🔵該注意的事

施美藥膏的止癢效果快速優秀，且擦起來涼涼的很舒服，又不含類固醇和抗生素，所以在正常使用下，不會有皮膚受損或細菌性抗藥性問題出現，所以遇到各種皮癢問題，通常都可以靠它搞定！

雖然這個藥膏很好用，但我很少開給我的小病人，雖然蚊子咬到癢癢可以用，但如果小孩是會腫成「米菇」的那種過敏體質，擦這條通常沒辦法有效消腫，還是得靠類固醇。

• 含薄荷

眼尖的爸媽應該有發現含薄荷，所以未滿 2 歲的嬰幼兒、孕婦、授乳婦女、有痙攣病史者、嚴重胃食道逆流與裂孔疝氣病人，膽囊炎、膽結石、膽道阻塞、嚴重肝功能異常病人，請小心使用！

• 含水楊酸和樟腦

蠶豆症患者請避免使用，孕婦也應少用（當用則用，切勿過量）。

12 歲以下孩童「吃下水楊酸」可能會出現造成肝腦病變的「雷氏症候群」，雖然目前還沒遇到有小孩把藥膏給吃掉，不過這年頭什麼事都有可能發生，還是小心為妙！

最後還是老話一句，任何藥物使用前請先諮詢醫師，請勿自行亂亂塗，以免擦了不適合的藥，反而對身體造成傷害。

常用萬用藥膏

美康乳膏

這支號稱為萬用藥膏的美康，據說連擦痘痘都有
效？！真的嗎？

成份

❶ Triamcinolone acetonide：類固醇

❷ Nystatin：抗念珠菌或黴菌抗生素

❸ Neomycin (as sulfate) + Gramicidin：抗細菌抗生素

　　每種藥物都是獨當一面的，現在集合在一起，就是變成大家口中
的萬用藥膏了，具有抗炎、止癢、殺菌和殺黴菌的四種不同作用。

適應症

　　濕疹、過敏性和發炎性皮膚病、續發性細菌或黴菌感染（念珠菌
感染）。

用法

　　塗抹於患處一天 2 ～ 3 次，依照醫囑好了就停用或擦滿療程。

真的是萬用嗎？

　　確實這個藥膏在兒科算是滿常使用的，尤其是當小孩皮膚有狀
況，但情況不明的時候，例如：醫師檢查後分析，78% 是濕疹、
20% 是細菌感染、5% 是念珠菌感染，開條美康讓你回家擦擦看。

如果只是濕疹或輕微皮膚感染，通常一兩天內就會搞定。

而最常被使用的地方大概就是尿布疹，因為它含有中效類固醇，所以一般濕疹、汗疹或過敏擦了也有效，這也是為什麼會被稱為萬用藥膏的緣故了！

🔖 要注意的事

- 含有類固醇，不可以長期使用，長期使用會讓皮膚變薄受損。
- 如果今天是嚴重皮膚感染而使用藥膏，可能會造成病灶擴散一發不可收拾！
- 經常使用下，可能會讓皮膚的細菌產生抗藥性。

🔖 可以擦痘痘嗎？

最後關於擦痘痘，這真的很弔詭，裡面的兩種殺菌抗生素，對於造成痘痘的痤瘡棒狀桿菌都沒用，且擦類固醇還可能讓痘痘變嚴重，完全不建議用來擦痘痘。

🔖 Tips

任何藥膏使用前，請先詢問專業醫師，不可以自行塗塗抹抹！

常見萬用藥膏

四益乳膏

四益乳膏也是常用萬用藥膏，使用上也要多注意。

成份

❶ Betamethasone (as 17-Valerate)：類固醇

❷ Tolnaftate：抗黴菌抗生素

❸ Gentamicin (as Sulfate) + Iodochlorhydroxyquin：抗細菌抗生素

四益乳膏和美康一樣，都是由具有抗炎、止癢、殺菌和殺黴菌的四種不同作用的藥物組合而成。

適應症

濕疹或皮膚炎、急救、預防及減緩皮膚刀傷、刮傷、燙傷的感染，治療皮膚表淺性黴菌感染，例如足癬（香港腳）、股癬、汗斑。

用法

塗抹於患處一天 2 ～ 3 次，依照醫囑好了就停用或擦滿療程。

因為它含有中效類固醇，所以一般濕疹、汗疹或過敏，甚至蚊蟲叮咬擦了也有效，又能殺菌抗黴（輕微的），因此也被視為萬用藥膏的一種。

🔖 要注意的事

· 一樣含有類固醇，所以不能長期使用，可能會讓皮膚變薄受損。
· 如果是嚴重皮膚感染而使用藥膏，可能會造成病灶擴散一發不可收拾。
· 經常使用下，可能會讓皮膚的細菌產生抗藥性。

🔖 美康 VS 四益

既然都是萬用藥膏，為什麼要出這麼多種呢？我想最主要原因，是不同的人或情況，適合的藥物也不同！

雖然兩種藥物的成分類別相同，但其實是完全不同的成分，例如：在醫師判斷需要使用這類藥膏的情況下，某些人對美康裡面的類固醇反應不好，換四益也許就效果不錯！

又或者今天某病人皮膚有濕疹合併輕微感染，剛好那隻細菌對四益裡面的抗生素有抗藥性殺不掉，換成美康可能會比較有效！

🔖 Tips

雖然萬用藥膏很好用，但在錯誤的使用下，很容易發生不良的結果，所以老話一句，任何藥膏使用前，請先詢問專業醫師。

2AF725

百 萬 爸 媽 都 在 問 ！
陳映庄醫師的 健·康·育·兒·全·書 ♥

作者	陳映庄
責任編輯	李素卿
主編	温淑閔
版面構成	江麗姿
封面設計	走路花工作室
行銷企劃	辛政遠、楊惠潔
總編輯	姚蜀芸
副社長	黃錫鉉
總經理	吳濱伶
發行人	何飛鵬
出版	創意市集

發行　城邦文化事業股份有限公司
歡迎光臨城邦讀書花園
網址：www.cite.com.tw

香港發行所　城邦（香港）出版集團有限公司
香港灣仔駱克道 193 號東超商業中心
1 樓
電話：(852) 25086231
傳真：(852) 25789337
E-mail：hkcite@biznetvigator.com

馬新發行所　城邦（馬新）出版集團
Cite (M) Sdn Bhd 41,
JalanRadinAnum,　　　　　　Bandar Baru Sri
Petaling, 57000 Kuala
Lumpur,Malaysia.
電話：(603) 90578822
傳真：(603) 90576622
E-mail：cite@cite.com.my

印刷　凱林彩印股份有限公司
2021 年（民 110）7 月
Printed in Taiwan
定價　400 元

客戶服務中心
地址：10483 台北市中山區民生東路二段 141 號 B1
服務電話：(02) 2500-7718、(02) 2500-7719
服務時間：週一至週五 9：30 ～ 18：00
24 小時傳真專線：(02) 2500-1990 ～ 3
E-mail：service@readingclub.com.tw

※ 詢問書籍問題前，請註明您所購買的書名及書號，以及在哪一頁有問題，以便我們能加快處理速度為您服務。

※ 我們的回答範圍，恕僅限書籍本身問題及內容撰寫不清楚的地方，關於軟體、硬體本身的問題及衍生的操作狀況，請向原廠商洽詢處理。

※ 廠商合作、作者投稿、讀者意見回饋，請至：
FB 粉絲團．http://www.facebook.com/InnoFair
Email 信箱．ifbook@hmg.com.tw

版權聲明／本著作未經公司同意，不得以任何方式重製、轉載、散佈、變更全部或部分內容。

商標聲明／本書中所提及國內外公司之產品、商標名稱、網站畫面與圖片，其權利屬各該公司或作者所有，本書僅作介紹教學之用，絕無侵權意圖，特此聲明。

圖樣出處 https://www.flaticon.com/

國家圖書館出版品預行編目資料

百萬爸媽都在問！陳映庄醫師的健康育兒全書 /
陳映庄 -- 初版 . -- 臺北市：創意市集出版：城邦
文化發行 , 民 110.07
面；　公分

ISBN　978-986-0769-07（平裝）
1. 育兒

428　　　　　　　　　　　　　　110008777